普通高等教育"十一五"国家级规划教材

计算机科学与技术专业实践系列教材

教育部"高等学校教学质量与教学改革工程"立项项目

软件工程
实践教程

宋　雨　编著

U0131800

清华大学出版社
北京

内 容 简 介

本书共 3 章,第 1 章系统综述了软件工程课程的核心内容,读者通读该章可达到提纲挈领的学习目的,该章的内容包括软件需求分析、软件设计、软件编码、软件测试、软件复用、面向对象的软件工程、软件维护、软件管理、应用 Web 工程、软件工程标准和软件文档。第 2 章给出了软件工程课程设计的内容及考核方式,这一章列出了精选的 100 个课题供读者选用,这些课题涉及很多应用领域,全部具有实际意义,有些就是实际的工程项目。课题中给出了系统应达到的功能要求、目标、性能指标、两种考核方式和具体的量化考核标准。第 3 章简要地列出了软件工程课程设计应交付文档的格式、各种文档应包含的主要内容及基本要求。附录中给出了软件工程课程设计任务书及软件工程课程设计文档评分表。

本书旨在为软件工程实践教学提供有价值的教材、参考文献和指导。本书可作为大学生或研究生进行软件类综合实验、课程设计、毕业设计或相关课题的教学用书或参考书,也可供想快速学习软件工程学科的读者阅读。

图书在版编目(CIP)数据

软件工程实践教程/宋雨编著. —北京:清华大学出版社,2011.3
(计算机科学与技术专业实践系列教材)
ISBN 978-7-302-23962-8

Ⅰ. ①软…　Ⅱ. ①宋…　Ⅲ. ①软件工程-高等学校-教材　Ⅳ. ①TP311.5

中国版本图书馆 CIP 数据核字(2010)第 202401 号

责任编辑:汪汉友　李玮琪
责任校对:时翠兰
责任印制:杨　艳

出版发行:清华大学出版社　　　　　　　　　地　　址:北京清华大学学研大厦 A 座
　　　　　http://www.tup.com.cn　　　　　　邮　　编:100084
　　社　总　机:010-62770175　　　　　　　邮　　购:010-62786544
　　投稿与读者服务:010-62795954,jsjjc@tup.tsinghua.edu.cn
　　质　量　反　馈:010-62772015,zhiliang@tup.tsinghua.edu.cn
印　装　者:北京鑫海金澳胶印有限公司
经　　销:全国新华书店
开　　本:185×260　　　印　张:7.5　　　字　　数:168 千字
版　　次:2011 年 3 月第 1 版　　　印　　次:2011 年 3 月第 1 次印刷
印　　数:1~3000
定　　价:16.00 元

产品编号:036721-01

前　言

　　软件工程是一门实践性很强的课程,很多学校不但设置了软件工程这门课程,而且还设置了软件工程课程设计作为必修课,单算学分,可见软件工程实践教学的地位是很高的,本书就是为配合软件工程的实践教学而编写的。

　　本书的指导思想是篇幅尽量小、实用,不给读者造成负担。本书共 3 章,第 1 章系统综述了软件工程课程最主要的内容,读者只要通读该章就可用较短的时间回顾课程的全部内容,该章内容包括软件需求分析、软件设计、软件编码、软件测试、软件复用、面向对象的软件工程、软件维护、软件管理、应用 Web 工程、软件工程标准和软件文档,这些内容涵盖了教学大纲,既有传统的内容,也有软件工程新技术。这次重编时,在面向对象、应用 Web 工程、统一建模语言 UML、软件测试等方面增加了笔墨,既突出了重点又不赘述;第 2 章给出了软件工程课程设计的内容及考核方式,这一章列出了精选的 100 个课题供师生选用,这些课题涉及很多应用领域,全部具有实际意义,有些就是实际的工程项目,课题中给出了系统应达到的功能要求、目标、性能指标、两种考核方式和具体的量化考核标准;第 3 章简要地列出了学生完成课程设计应交付文档的格式、各种文档应包含的主要内容及基本要求,这一章列出的文档包括可行性研究报告,软件计划,风险缓解、监测和管理计划,软件需求规格说明书,软件设计说明书,软件测试计划,测试分析报告,开发进度月报,用户手册,操作手册和项目开发总结报告。附录 A 是软件工程课程设计任务书,给出了成绩的评定方式。附录 B 给出了学生完成课程设计交付文档后的评分参考标准,该标准主要从规范性、原创性、工作量及逻辑性四个方面考察文档的质量。

　　本书旨在为软件工程课程设计提供有价值的教材、参考文献和实践指导,本书可作为大学生或研究生进行软件类综合实验、课程设计、毕业设计或相关课题的教学用书或参考书,也可供想快速学习软件工程学科的读者阅读。

　　本书旨在把实践教学系统化,读者在进行实践时,可先通读第 1 章的内容,巩固所学知识,同时也可起到集中辅导的作用,使理论基础和概念进一步增强。对于未曾接触过这些内容的读者,可达到事半功倍的学习效果,因为这一章是该课程内容的精华。之后根据第 2 章给出的实践内容,读者可选择一个课题,完成软件计划、需求分析、软件设计、编码、软件测试及软件维护等软件工程工作并按要求编写出相应的文档。

　　北京师范大学心理学院宋一辰帮助整理并录入书稿,书中实践课题参考了华北电力大学计算机系本科生的毕业设计,在此深表感谢。特别感谢清华大学出版社汪汉友老师,在他的积极策划和鼓励下,本书才得以问世。

作　者

2010 年 7 月 28 日于华北电力大学

目　　录

第 1 章　软件工程的主要内容……………………………………………………… 1

1.1　概述 …………………………………………………………………………… 1

1.2　软件需求分析 ………………………………………………………………… 3

　　1.2.1　结构化分析方法……………………………………………………… 4

　　1.2.2　动态分析技术………………………………………………………… 4

　　1.2.3　支持需求分析的原型化方法 ………………………………………… 5

1.3　软件设计 ……………………………………………………………………… 5

　　1.3.1　软件设计的原则……………………………………………………… 6

　　1.3.2　软件体系结构设计…………………………………………………… 6

　　1.3.3　模块独立性…………………………………………………………… 6

　　1.3.4　结构化设计方法……………………………………………………… 6

　　1.3.5　Jackson 系统开发方法 ……………………………………………… 8

　　1.3.6　数据及文件设计……………………………………………………… 9

　　1.3.7　软件详细设计………………………………………………………… 9

　　1.3.8　软件设计的复审……………………………………………………… 9

1.4　软件编码 ……………………………………………………………………… 10

　　1.4.1　程序设计语言的分类 ………………………………………………… 10

　　1.4.2　编码风格……………………………………………………………… 10

　　1.4.3　面向对象的编程语言 ………………………………………………… 12

　　1.4.4　程序复杂性度量 ……………………………………………………… 12

1.5　软件测试 ……………………………………………………………………… 13

　　1.5.1　软件测试基础 ………………………………………………………… 13

　　1.5.2　测试步骤和策略……………………………………………………… 14

　　1.5.3　测试用例设计 ………………………………………………………… 18

　　1.5.4　软件可靠性…………………………………………………………… 19

　　1.5.5　面向对象的测试……………………………………………………… 21

1.6　软件复用 ……………………………………………………………………… 25

　　1.6.1　软件复用的概念……………………………………………………… 25

　　1.6.2　领域工程……………………………………………………………… 26

　　1.6.3　可复用构件的建造及复用 …………………………………………… 28

　　1.6.4　面向对象的软件复用技术 …………………………………………… 31

1.7　面向对象的软件工程 ………………………………………………………… 33

　　1.7.1　基本概念 ……………………………………………………………… 33

　　1.7.2　面向对象软件的开发过程 ………………………… 35

　　1.7.3　面向对象分析 ……………………………………… 36

　　1.7.4　面向对象设计 ……………………………………… 37

　　1.7.5　Coad 与 Yourdon 方法 …………………………… 38

　　1.7.6　Booch 方法 ………………………………………… 38

　　1.7.7　对象模型化技术 …………………………………… 39

　　1.7.8　统一建模语言 UML ……………………………… 39

　1.8　软件维护 ………………………………………………… 50

　　1.8.1　软件维护的概念 …………………………………… 50

　　1.8.2　软件的可维护性 …………………………………… 52

　　1.8.3　提高可维护性的方法 ……………………………… 53

　　1.8.4　软件再工程 ………………………………………… 55

　1.9　软件管理 ………………………………………………… 58

　　1.9.1　软件过程、过程模型及其建造技术 ……………… 58

　　1.9.2　软件项目计划 ……………………………………… 59

　　1.9.3　软件开发成本估算 ………………………………… 59

　　1.9.4　成本—效益分析 …………………………………… 60

　　1.9.5　软件进度安排 ……………………………………… 60

　　1.9.6　软件配置管理 ……………………………………… 61

　　1.9.7　CMM 模型与软件过程的改进 …………………… 61

　1.10　应用 Web 工程 ………………………………………… 63

　　1.10.1　Web 工程 ………………………………………… 64

　　1.10.2　WebApp 项目计划 ……………………………… 66

　　1.10.3　WebApp 分析 …………………………………… 68

　　1.10.4　WebApp 设计 …………………………………… 69

　　1.10.5　WebApp 测试 …………………………………… 71

　1.11　软件工程标准和软件文档 …………………………… 74

第 2 章　实践内容及考核方式 ……………………………… 77

　2.1　实践内容 ………………………………………………… 77

　2.2　考核要求 ………………………………………………… 97

第 3 章　交付文档要求及格式 ……………………………… 100

　3.1　可行性研究报告 ………………………………………… 100

　3.2　软件计划 ………………………………………………… 100

　3.3　风险缓解、监测和管理计划 …………………………… 101

　3.4　软件需求规格说明书(SRS) …………………………… 102

　3.5　软件设计说明书 ………………………………………… 102

　3.6　软件测试计划 …………………………………………… 103

3.7　测试分析报告 ……………………………………………… 104

3.8　开发进度月报 ……………………………………………… 104

3.9　用户手册 …………………………………………………… 105

3.10　操作手册 …………………………………………………… 105

3.11　项目开发总结报告 ………………………………………… 106

附录 ……………………………………………………………… 107

附录 A　软件工程课程设计任务书 …………………………… 107

附录 B　软件工程课程设计文档评分表 ……………………… 108

参考文献 ………………………………………………………… 109

第1章 软件工程的主要内容

1.1 概述

软件是由计算机程序、数据及相关文档组成的,其中,程序是让计算机执行的指令序列,文档则是与程序开发、维护和使用相关的图文资料。软件和硬件共同构成完整的计算机系统,软件和硬件互相依存,两者缺一不可,软件有以下特征:

(1) 软件是逻辑产品,是脑力劳动的结晶,具有抽象性。

(2) 软件产品不会磨损和用坏,因而对软件产品的维护与硬件产品的维护有很大不同。

(3) 软件产品的成本高,软件的生产数量与成本基本无关,而且软件的维护费用大于开发费用。

若按功能对软件进行分类,则可将软件划分为系统软件、支撑软件和应用软件三大类;若按规模进行划分,可将软件分为六类,如表 1-1 所示;若按软件工作方式进行划分,则可分为实时处理软件、分时软件、交互式软件和批处理软件四类;若按软件服务对象的范围进行划分,则可分为项目软件和产品软件两大类;也可按其他方式对软件进行划分,例如按软件的使用频度进行划分,按软件失效的影响进行划分等。

表 1-1 按规模对软件的分类

类别	参加人员数	研制期限	产品规模(源程序行数)
微型	1	1~4 周	0.5 千行
小型	1	1~6 月	1~2 千行
中型	2~5	1~2 年	5~50 千行
大型	5~20	2~3 年	50~100 千行
甚大型	100~1000	4~5 年	1 兆行(=1000 千行)
极大型	2000~5000	5~10 年	1~10 兆行

软件是伴随着电子计算机的诞生而出现的,到目前为止,软件发展大致可分为以下四个阶段。

(1) 程序设计阶段(1946 年—20 世纪 50 年代末),以手工编程方式生产软件,使用的工具是机器语言和汇编语言。

(2) 程序系统阶段(20 世纪 60 年代),以作坊式的小集团合作生产软件,生产工具是高级语言。

(3) 软件工程阶段(20 世纪 70 年代以后),以工程化的方式生产软件,使用数据库、开发工具、开发环境、网络、分布式和面向对象技术等开发软件。

(4) 现代软件工程阶段(20世纪80年代末至今),伴随着网络技术的发展,软件工程也进入了快速发展时期,网络环境下的软件工程规模更大、系统更复杂,并且系统间相互作用,在网络环境下软件工程的关注域转向需求,软件将以"服务"作为基本模块,软件的演化比测试更重要,问题的形式化向着本体描述发展。网构软件是在互联网开放、动态和多变环境下软件系统基本形态的一种抽象,它既是传统软件结构的自然延伸,又具有区别于在集中封闭环境下发展起来的传统软件形态的独有的基本特征:自主性、协同性、反应性、演化性和多态性。传统的软件理论、方法和技术等在处理网构软件时都遇到了一系列的挑战。

在软件发展的第二阶段,硬件技术的迅速进步导致软件技术的发展不能满足要求,从而出现了软件危机。软件危机是指在计算机软件开发和维护过程中所遇到的一系列严重的问题。软件危机的表现形式多种多样,造成软件危机的原因是软件产品本身的特点以及开发软件的方式、方法、技术和人员所引起的。

为了克服软件危机,在1968年北大西洋公约组织召开的学术会议上首先提出了"软件工程"的概念,提出要用工程化的思想来开发软件,按工程化的原则和方法组织软件开发是摆脱软件危机的重要出路。软件工程是一门用科学知识和技术原理来定义、开发和维护软件的学科,它目前已成为计算机科学中的一个重要分支。

为获得软件产品,在软件工具的支持下由软件工程师完成的一系列软件工程活动称为软件工程过程。软件工程过程的基本活动有P(Plan——软件规格说明)、D(Do——软件开发)、C(Check——软件确认)和A(Action——软件演进)。因此,软件工程过程可看作是针对某类软件产品而规定的工作步骤。软件工程的基本活动可展开成制定计划、需求分析、设计、编码、测试、运行和维护六个阶段,这六个阶段称为软件的生存期,描述软件开发过程中各种活动如何执行的模型称为软件生存期模型,软件生存期模型主要有以下几种。

(1) 瀑布模型　该模型将各种软件工程活动按次序固定,自上而下相互衔接,如同瀑布流水。

(2) 演化模型　该模型先开发一个软件"原型",在此基础上逐步完善。

(3) 螺旋模型　该模型将上述两种模型结合起来,并增加了两种模型均忽略的风险分析,每经过一个螺旋周期,便都开发出一个功能更完善的、新的软件版本。

(4) 喷泉模型　该模型适合于面向对象的开发方法,开发工程具有迭代性和无间隙性,无间隙是指在分析、设计和编码等活动之间不存在明显的边界。

(5) 智能模型　该模型把专家系统与上述若干模型结合起来,采用归纳和推理机制,因而这种模型也称为基于知识的软件开发模型。

(6) 增量模型　该模型融合了瀑布模型的基本成分(重复的应用)和原型实现的迭代特征,它以小的、但可用的片段(称为增量)来交付软件。通常,每个增量的建造都是基于那些已经交付的增量而进行的,任何增量均可以按原型开发模型来实现。

(7) 并发过程模型　该模型也称为并发工程,它被表示为一系列的主要技术活动、任务及它们的相关状态。并发过程模型定义了一个活动网络,网络中的每一个活动均可与其他活动同时发生,在一个给定的活动或活动网络中,其他活动中产生的事件触发一个活动中状态的变迁。

（8）基于构件的开发模型　该模型是在面向对象技术的基础上发展起来的，它融合了螺旋模型的许多特征，利用预先包装好的软件构件（有时称为类）来构造应用系统。

（9）形式化方法模型　该模型是一种严格的软件工程方法，它是一种强调正确性的数学验证和软件可控性认证的软件过程模型。

（10）第四代技术模型　该模型包含了一种组件工具，它们具有共同点，能使开发人员在较高的级别上规约软件的某些特征，并把这些特征自动生成源代码。

（11）混合模型　每种软件生存期模型都不是十全十美的，要让它们适应各种项目的开发和各种情况的需要也是很困难的。开发混合模型的目的是为了发挥各个模型的优势，对于具体开发组织也可使用不同的模型组成一个较实用的混合模型，以便获得最大的效益。

软件工程项目的基本目标是以较低的开发成本达到预期的软件功能和良好的软件性能，能按时完成开发工作并及时交付使用。开发出的软件具有便于移植、可靠性高、需要的维护费用低的优点。为达到这些目标，在软件开发过程中必须遵循抽象、信息隐蔽、模块化、局部化、确定性、一致性、完备性和可检验性的原则，这八个原则也称为软件工程原则。

1.2　软件需求分析

在软件需求分析之前应进行软件的可行性研究，并制定软件项目计划。可行性研究包括经济可行性、技术可行性、法律可行性及方案的选择四项内容，工作结束后提交可行性研究报告。软件项目计划包括确定软件作用范围、确定资源、估算开发成本和安排开发进度四项工作。软件需求分析的目标是深入描述软件计划中所确定的功能和性能，确定软件设计的约束、软件与其他系统元素的接口细节，定义软件其他的有效性需求。需求分析的任务是借助当前系统的逻辑模型导出目标系统的逻辑模型，解决目标系统"做什么"的问题，具体可包括问题识别、分析和综合、建模、编写文档和对需求分析进行评审五项工作。

软件需求获取技术包括建立获取用户需求的方法框架，支持和监控需求获取的过程两个方面。获取用户需求的主要方法是调查研究，它具体包括了解系统的需求、进行市场调查、访问用户及用户领域的专家和考察现场四个方面。在做调查研究时，可以采用如下的方式。

（1）制定调查提纲，向不同层次的用户发调查表。

（2）召开分层次的用户调查会，听取各层次用户对待开发系统的想法和建议。

（3）向用户领域的专家及关键岗位上的工作人员进行咨询。

（4）实地考察，跟踪现场实际业务的流程。

（5）查阅有关资料。

（6）使用建模工具，如数据流图、任务分解图、网络图、用例图、用 UML 表示的状态图和活动图等。

软件需求分析的方法主要有结构化分析方法、动态分析技术及支持需求分析的原型化方法。

需求分析阶段结束后应交出经复审通过的软件需求规格说明(Software Requirements Specification,SRS),它是需求分析的最终产物,通过建立完整的信息描述、详细的功能和行为描述、性能需求和设计约束的说明、合适的验收标准,给出对目标软件的各种需求。为保证软件需求定义的质量,复审应由专门指定的人员按规程严格进行,并给出结论性的意见。除分析员之外,用户/需求者、开发部门的管理者以及软件设计、实现、测试人员都应当参加 SRS 的复审工作。复审结果一般要包含一些修改意见,待修改完成后再经复审通过,才可进入设计阶段。

1.2.1 结构化分析方法

结构化分析(Structured Analysis,SA)是面向数据流进行需求分析的方法,是一种建模技术,它建立的分析模型如图 1-1 所示。

分析模型的核心是数据词典,它描述了所有在目标系统中使用和生成的数据对象。围绕这个核心有三种图:实体—关系图(Entity Relation Diagram,ERD)描述数据对象之间的关系;数据流图(Data Flow Diagram,DFD)描述数据在系统中如何被传送或变换,并描述对数据流进行变换的功能;状态—迁移图(Status Transfer Diagram,STD)描述系统对外部事件如何响应,如何动作。因此,ERD 用于数据建模,DFD 用于功能建模,而 STD 用于行为建模。

图 1-1 分析模型的结构

(1) 数据建模 数据模型包括三种互相关联的信息,即数据对象、描述对象的属性和描述对象间相互连接的关系。

(2) 功能建模 使用 DFD 来表达系统内数据的运动情况,数据流的变换可用结构化英语、判定表或判定树来描述。画 DFD 可按由外向内,自顶向下,分层描述,逐步细化、求精和完善的步骤进行。

(3) 行为建模 使用状态—迁移图和状态-迁移表来描述系统或对象的状态、导致系统或对象状态改变,从而描述系统的行为,或使用 Petri 网描述相互独立、并发执行的处理系统。

(4) 数据词典 准确、严格地定义与系统相关的每个数据元素、数据结构、数据流及数据文件的具体含义,以字典顺序将它们组织起来,使用户和分析员对所有的输入、输出、存储数据及中间计算都有共同的理解。

1.2.2 动态分析技术

这是面向对象的技术,用动态模型描述系统中与时间和操作序列有关的内容,即标识改变的事件和事件序列,定义事件上下文状态及事件和状态的组织。动态模型着眼于"控制",即描述系统中发生的操作序列,而不考虑操作做些什么、对什么进行操作以及如何实现这些操作。

动态分析技术常用的工具是状态图,每一个状态图都展示了系统中对象类所允许的状态和事件序列。动态分析技术的第一步是编写典型交互行为的脚本,尽管脚本中不可能包括每个偶然事件,但至少必须保证不遗漏常见的交互行为。第二步是从脚本中提取出事件,确定触发每个事件的动作对象以及接受事件的目标对象。第三步是排列事件发生的次序,确定每个对象可能有的状态及状态间的转换关系,并用状态图描述它们。最后,比较各个对象的状态图,检查它们之间的一致性,确保事件之间的匹配。

1.2.3　支持需求分析的原型化方法

在软件开发中,原型是指软件的最初可运行的版本,它反映了最终的系统的部分重要特性。在了解了基本需求后,通过快速分析构造出一个小型的软件系统,它能满足用户最基本的要求,用户可在试用原型系统的过程中亲身感受并受到启发,对系统做出反映和评价。然后开发人员根据用户的意见对原型改进,经过不断试验、纠错、使用、评价和修改,获得新的原型版本。如此周而复始,逐步确定出各种需求细节并适应需求的变更,从而提高最终的软件产品的质量。

由于运用原型的目的和方式不同,原型可分为废弃型和演化型两种类型。采用废弃型原型是先构造一个功能简单、质量要求不高的模型系统,然后针对这个模型系统反复地进行分析修改,形成比较好的设计思路,据此设计出更加完整、准确、一致和可靠的系统。系统构造完成后,原来的模型系统被废弃。废弃型原型还可再分为探索型和实验型两种。探索型原型主要针对开发目标模糊,用户和开发者对项目都缺乏经验的情况,目的是要弄清楚对目标系统的要求,确定所希望的特性,并探讨多种方案的可行性。而实验型原型用于大规模开发和实现之前、考核方案是否合适以及规格说明是否可靠的情形。演化型也称为追加型,采用这种原型是先构造一个功能简单且质量要求不高的模型系统作为最终系统的核心,然后通过不断地扩充修改,逐步追加新要求,发展成为最终系统。

若在需求分析阶段使用原型化方法,则必须从系统结构、逻辑结构、用户特征、应用约束、项目管理和项目环境等多方面来考虑,以决定是否采用原型化方法。

原型的开发和使用过程称为原型生存期,它包括快速分析、构造原型、运行和评价原型、修正和改进、判定原型是否完成、判定原型细部是否需要严格地说明、对原型细部的说明、判定原型效果和整理原型并提供文档九个阶段。

构造原型的技术通常包括可执行规格说明、基于场景的设计、自动程序设计、专用语言、可复用的软件构件和简化假设等。

1.3　软件设计

软件设计是软件开发阶段中最重要的步骤,也是软件开发过程中用以保证质量的关键步骤。软件设计就是把软件需求变换成软件表示的过程,它可分两步完成。首先,概要设计,即将软件需求转化为数据结构和软件的系统结构,并建立接口描述;其次,详细设计,即过程设计,通过对结构的表示进行细化,得到软件各功能块的详细数据结构和算法描述。

1.3.1　软件设计的原则

(1) 抽象化,包括过程抽象、数据抽象以及控制抽象。

(2) 自顶向下、逐步细化。

(3) 模块化。

(4) 信息隐蔽。

1.3.2　软件体系结构设计

体系结构设计的主要目标是开发一个模块化的程序结构,并表示出模块间的控制关系。其次,体系结构设计将程序结构和数据结构结合,为数据在程序中的流动定义接口。软件系统的体系结构经历了一个由低级到高级的发展过程,其间出现过的体系结构的风格可归纳为以下几种。

(1) 以数据为中心的体系结构。

(2) 数据流体系结构。

(3) 调用—返回体系结构。

(4) 面向对象体系结构。

(5) 层次体系结构。

1.3.3　模块独立性

模块独立性指软件系统中每个模块只涉及系统要求的具体的子功能,与其他的模块联系最少且接口简单。模块独立性概念是模块化、抽象和信息隐蔽这些原理的直接产物。模块独立性可用两个定性准则:耦合和内聚来度量。耦合是模块之间相互联系程度的一种度量,它从强到弱可分为内容耦合、公共耦合、外部耦合、控制耦合、标记耦合、数据耦合以及非直接耦合七种方式。内聚是对模块功能强度的度量,它反映了一个模块内部各个元素彼此结合的紧密程度,它从强到弱也分为七种:功能内聚、信息内聚、通信内聚、过程内聚、时间内聚、逻辑内聚和巧合内聚。耦合和内聚其实是一个问题的两个方面,模块之间的连接越紧密,联系越多,耦合度就越高,其模块独立性就越弱。一个模块内部各元素之间的联系越紧密,则它的内聚性就越高,相对地,它与其他的模块之间的耦合度就越低,而模块独立性就越强。因此,独立性比较强的模块应是高内聚、低耦合的模块。

1.3.4　结构化设计方法

结构化设计(Structured Design,SD)方法是以 DFD 为基础建立软件的结构,因此又称为面向数据流的设计。

DFD 有两种典型的类型,一种是变换型,一种是事务型。变换型的 DFD 是一种线形状结构,由输入、变换和输出三部分组成。变换是系统的主加工,变换输入端的数据流称为系统的逻辑输入,变换输出端的数据流称为系统的逻辑输出,系统输入端的数据流称为物理输入,系统输出端的数据流称为物理输出。外部输入的数据(即物理输入)一般要经过正确性和合理性检查、编辑和格式转换等预处理,变成逻辑输入,输入给主变换,主变换产生的逻辑输出也要经过一系列变换转换成外部形式输出。事务型的 DFD 是一种放射状结构,其特征是 DFD 中有一个事务处理中心,后面是若干个活动通路,根据条件选择一条路径。

大系统的 DFD 一般是分层的,由分层的 DFD 映射的软件结构图也应是分层的,这样便于设计,也便于修改。由于 DFD 的顶层图反映的是系统与外部环境的界面,所以系统的物理输入与物理输出都在顶层图,因而相应的软件结构图的物理输入与输出部分放在主图中较为合适,以便和 DFD 中的 I/O 对照检查。

在设计时要整体地看,客观地看,一上来不要拘泥于细节和局部,在设计当前模块时,先把这个模块的所有下层模块都定义成“黑箱”,并在系统设计中利用它们,暂时不考虑它们的内部结构和实现方法。在这一步中定义的“黑箱”,由于已确定了它的输入、功能和输出,在下一步就可对其进一步进行设计,这样又会导致更多的“黑箱”。最后,全部“黑箱”的内容和结构都应完全被确定。这就是常说的自顶向下、逐步求精的过程。使用黑箱技术的主要好处是设计人员可以集中精力只关心当前的有关问题,暂时不必考虑琐碎的细节。

1. 总体设计的过程

(1) 精化 DFD。

(2) 确定 DFD 的类型,设计软件结构的顶层和第一层。

(3) 分解上层模块,设计中、下层模块。

(4) 根据优化准则对软件结构求精。

(5) 描述模块功能、接口及全局数据结构。

(6) 复审。如果有错,转向(2)修改完善,复审通过后进入详细设计。

2. 变换型 DFD 的设计步骤

(1) 确定 DFD 的变换中心、逻辑输入和逻辑输出。

(2) 设计软件结构的顶层和第一层。顶层模块一般只有一个,它的功能是完成所有模块的控制,该模块的名称就是系统的名称。第一层设计三种功能模块:输入、输出和变换模块,具体地说就是为每个逻辑输入都设计一个输入模块,其功能是向顶层模块提供数据;为每一个逻辑输出都设计一个输出模块,其功能是将顶层模块提供的数据输出;为变换中心设计一个变换模块,其功能是将逻辑输入变换成逻辑输出。

(3) 设计中、下层模块。

① 为每个输入模块都设计两个下属模块,其中一个是输入模块,另一个是变换模块,其中输入模块是向父模块提供数据的,变换模块则是将数据转换成父模块所需要的形式。该步骤可一直进行下去,直至达到系统的物理输入端。

② 为每个输出模块都设计两个下属模块,其中一个是变换模块,另一个是输出模块,变换模块的功能是将父模块提供的数据转换成输出形式,输出模块则是将变换后的数据输出。该步骤也可一直进行下去,直至达到系统的物理输出端。

③ 设计变换模块的下属模块。

(4) 设计优化。

用上述方法设计出的软件结构图与 DFD 是完全对应的,也是 SD 方法所设计出的标准结构,但在实际中,可根据具体情况灵活掌握,可把 DFD 中的多个变换组成一个模块,也可把一个变换映射成多个模块,其目的都是设计出由具有高内聚、低耦合模块组成的具有良好特性的软件结构。另外,在软件结构图中要标上模块之间数据的传递关系。

3. 事务型 DFD 的设计步骤

(1) 确定 DFD 的事务中心和处理路径。

(2) 设计软件结构的顶层和第一层。顶层模块是主控模块,它的功能一是接收数据,二是根据事务类型调度相应的处理模块。因此,事务型软件结构应包括接收分支和发送分支两个部分。接收分支负责接收数据,发送分支通常包含一个调度模块,当事务类型不多时,调度模块可与主模块合并。

(3) 设计中、下层模块。接收分支下属模块的设计方法与变换型 DFD 的输入部分的设计方法相同,发送分支中的调度模块控制管理所有下层的事务处理模块,每个事务处理模块都还可调用若干操作模块,每个操作模块都还可有若干个细节模块,多个事务处理模块可以共享某些操作模块,多个操作模块也可共享某些细节模块。

(4) 设计优化。同变换型结构要求相同。

1.3.5　Jackson 系统开发方法

Jackson 系统开发方法(Jackson System Development,JSD)是一种典型的面向数据结构的分析与设计方法,该方法中没有特别强调模块的独立性,模块是作为软件设计的副产品而出现的,用 JSD 方法的最终目标是要得到软件的过程性描述。使用 JSD 方法的步骤是实体动作分析、实体结构分析、定义初始模型、对功能进行描述、决定系统特性以及实现,前三步为需求分析,后三步为软件设计。

Jackson 提出任何数据结构都可用三种基本构造类型按层次组合而成,图 1-2 为用 Jackson 图表示的三种基本构造类型数据结构。程序结构与数据结构完全对应,最后用伪码描述出来,图 1-3 为图 1-2 所对应的程序结构以及伪码表示。

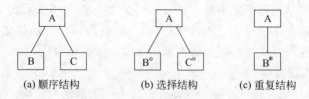

图 1-2　用 Jackson 图表示的三种基本数据结构

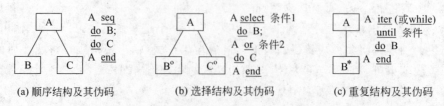

图 1-3　用 Jackson 图表示的程序结构(与图 1-2 对应)及伪码表示

JSD 方法是从输入和输出数据结构中导出程序结构,有些中间处理过程可能在结构图中反映不出来,因而需要对 Jackson 图表示的程序结构及伪码进行求精和优化,使其完整和易于实现。

在用 JSD 方法进行设计时,必须找出输入和输出数据在内容、数量和顺序上的对应关系,否则无法将 Jackson 图表示的数据结构映射成程序结构,这就是所谓的"结构冲突",结构冲突有顺序冲突、边界冲突和多重穿插冲突三种类型,在有冲突的情况下需进行预处理,在解决了结构冲突后,才能用 JSD 方法。

1.3.6　数据及文件设计

好的数据设计往往能产生好的软件结构,使模块的独立性增强,程序的复杂性降低。数据设计可分两步进行,第一步,为在需求分析阶段所确定的数据对象选择逻辑表示,对不同的结构进行算法分析。第二步,确定对逻辑数据结构所必须进行操作的程序模块,以便限制或确定各个数据设计决策的影响范围。

文件设计的主要工作是根据使用要求、处理方式、存储的信息量、数据的活动性以及所能提供的设备条件等来确定文件类别,选择文件媒体,决定文件组织方式,设计文件记录格式并估算文件的容量。

文件设计的过程主要分为两个阶段,第一个阶段是文件的逻辑设计,主要在概要设计阶段实施,它包括整理必需的数据元素、分析数据间的关系以及进行文件的逻辑设计三项工作。第二个阶段是文件的物理设计,主要在软件的详细设计阶段实施,它包括理解文件的特性、确定文件的存储媒体、确定文件的组织方式、确定文件的记录格式以及估算存取时间和存储容量五项工作。

1.3.7　软件详细设计

软件详细设计就是对软件过程的描述,给出各模块的具体算法描述和评价,软件详细设计的结果是软件编码的依据。

软件详细设计的工具主要有三大类:图形工具、表格工具和语言工具。常用的图形工具有程序流程图、N-S 图、PAD(Problem Analysis Diagram)以及 HIPO 图(Hierarchy Plus Input Process Output),N-S 图和 PAD 均是由程序流程图演变而来的。HIPO 图的适用范围很广,不限于详细设计。常见的表格工具是判定表,它比较简洁,但有一定的局限性,不能成为通用的设计工具。语言工具即 PDL(Program Design Language),它是一种伪码,与高级语言很接近,因而人们可以方便地使用计算机来完成 PDL 的书写和编辑工作。

1.3.8　软件设计的复审

软件设计结束后要进行复审。软件设计的最终目标是节省开发费用、降低资源消耗和缩短开发时间,因而要选择能够赢得较高生产率、较高的可靠性和可维护性的方案。复审的目的是及时发现并解决在软件设计中出现的问题,防止把问题遗留到开发的后期阶段,造成更大的损失。经复审通过后所交付的软件设计规格说明是软件设计结束的标志,因而,软件设计规格说明是软件设计阶段最重要的交付文档,它既是编码的依据,又是将来对该软件进行维护和测试的指南。

复审的主要内容包括可追溯性、接口、风险、实用性、技术清晰度、可维护性、质量、各种选择方案、限制以及其他具体问题。

1.4 软件编码

这一阶段的工作是根据详细设计说明书用某种计算机语言实现系统,产生能在计算机上运行的程序。前一阶段软件设计的质量直接影响到实现的质量。同时,所选的程序设计语言及编码风格也会对软件的可靠性、可读性、可测试性及可维护性产生很大的影响。

1.4.1 程序设计语言的分类

目前,用于实现软件的程序设计语言有两千多种,分类的方法也不相同,从程序设计语言的发展历程来看,它经历了面向机器的语言、高级语言和甚高级语言三个阶段,也可划分为四代或五代。

第一代语言是由机器指令组成的语言,不同的机型其机器语言也不相同,用机器语言编写的程序都是二进制代码的形式,虽然在机器上的运行效率高,但其可靠性、可读性及可维护性都较差,且生产率也很低。

第二代语言是汇编语言,汇编语言比机器语言直观,它用助记符号代替了二进制代码,虽然它在生产率、可靠性及可读性等方面有了提高,但是汇编语言仍然依赖于机器的结构,难学难用。

第三代语言是高级语言,高级语言一般不依赖于实现这种语言的计算机,用高级语言实现软件系统,它在生产率、可读性、可靠性和可维护性等方面都有很大提高。

从应用的特点来看,高级语言可以分为基础语言、结构化语言、专用语言和面向对象语言四类,从语言的内在特点来看,高级语言可以分为系统实现语言、静态高级语言、块结构高级语言和动态高级语言四类。

第四代语言是非过程语言,第四代语言具有很强的数据管理能力,用户可用高级的、非过程化的基本语句说明"做什么",而不必描述实现细节,第四代语言能满足多功能、一体化的要求。

第五代语言是用于第五代计算机的语言。第五代计算机是一种更接近人的人工智能计算机,它能理解人的语言,无须编写程序,通过声音就能直接对计算机下达命令,第五代计算机还具有能思考、能帮助人进行推理和判断的特点。

1.4.2 编码风格

编码风格直接影响到程序的可读性、易理解性、可维护性以及程序的质量,对于大的软件系统,良好和一致的编码风格有利于程序员之间的相互通信,减少因不协调而引起的问题。

影响编码风格的因素以及良好的编码风格的原则有很多,主要包括语句结构、源程序文档化、数据说明和输入输出几个方面。

在用某种语言实现软件时,要尽量采用标准结构,特别要尽量避免容易引起误解或混淆的语句和结构。

下述规则可供参考。

(1) 不要为了节省空间而把多个句子写在一行。

(2) 编写程序时首先要考虑清晰性,不要刻意追求技巧而使程序编写得过于紧凑。

(3) 首先要使程序正确,然后才考虑提高速度。

(4) 尽量避免复杂的条件测试。

(5) 尽可能使用库函数。

(6) 尽量使用三种基本控制结构(顺序、选择和重复)来编写程序。

(7) 尽量减少对"非"条件的测试。

(8) 避免大量使用多层循环和条件嵌套。

(9) 即使语言中规定了运算符的优先级,也要尽量用括号来反映表达式中各因子的运算次序,以增强程序的可读性和易理解性。

实现源程序的文档化(Code Documentation)有利于提高程序的可读性、易理解性和可维护性,主要包括以下三个方面的内容。

1. 符号的命名

符号的命名包括变量名、标号名、模块名和子程序名等的命名,是否适当地选择符号名是影响程序可读性的关键因素之一,为了使程序易于识别和理解,最好选用一些有实际意义的标识符,大多数情况下仅用一个字符或两个字符来表示标识符是不可取的,即使在限制符号名字符个数时也要选用有意义的词头或缩写词。

2. 注释

在源程序中加注释是为了帮助用户阅读和理解程序,不是可有可无的,而是必须的,有些程序中注释的内容甚至超过了程序正文。因此,也可把注释作为编码的一部分,在正规的程序文本中,注释约占整个程序文件的三分之一到一半。

在每个模块或子程序的开始处、重要的程序段、每个控制结构的开始处、难懂的程序段等处都应有注释。

3. 空行和缩格

空行和缩格是为了提高程序的可读性和易理解性。在功能块之间、程序段之间、子程序间用空行分隔可使程序清晰。对于嵌套和分支等控制结构可采用缩格的方式,缩格可清楚地反映出程序的层次,采用 CASE 工具来进行自动格式处理是一个很好的选择。

数据说明也是体现程序风格的一个方面。为使数据说明易于理解和维护,数据说明的次序应当规范化,当多个变量名用一个语句说明时,应当对这些变量名按字母顺序排列以方便查找,同时这样对测试和纠错也都有利。如果设计了一个复杂的数据结构,应当使用注释来说明在程序实现时这个数据结构的固有特点。

系统的输入和输出与用户的使用直接相关,输入和输出的方式和格式都应尽可能方便用户的使用,系统能否被用户接受,有时就取决于其输入和输出的格式,因此,对系统的输入和输出应当予以足够的重视。

1.4.3 面向对象的编程语言

面向对象的语言虽然有一些普遍特性,但更重要的是不同的语言具有不同的特性,不同设计构造和语言的选择直接影响程序的实现。因此,在选用 OO 语言时应先了解它们的特性。

C++ 语言是由 C 语言改良得出的,它在语法上和 C 相像,多数 C 代码可以和 C++ 放在一起编译,C++ 语言体现了结构化程序设计的基本风格。

Java 在许多方面比 C++ 具有更好的动态性,更能适应环境的变化。Java 还具有分布式、可移植、安全、高性能和多线程等优点。它是一种具有广阔前景的 OOPL。

C# 由 C 和 C++ 演变而来,它是一门现代、简单、完全面向对象和类型安全的编程语言。C# 结合了 Microsoft 的 C++ 程序开发的威力及 Visual Basic 的简易性,它与 Java 语言一样能跨平台运行,是 Microsoft 的下一代视窗服务策略的一部分。

C# 是现代编程语言,C# 优雅的面向对象的设计可以用来构建从高水平的商务目标到体系标准应用程序的范围宽广的组件。使用 C# 编程语言可迅速建造提供充分开拓计算和通信的工具和新的 Microsoft. NET 平台。C# 是由简单的 C# 语言结构体组成的,它能被转换成 Web 服务,在任何操作系统上运行的任何语言程序都可以通过 Internet 来调用 C# 组件。

用面向对象的语言编码是面向对象思想的实现,但非面向对象的语言也可实现面向对象的设计,在选择 OOPL 时要考虑哪种语言能最好地表达问题域的定义。

在选择语言时,首先要从问题入手,确定它的要求是什么,这些要求的相对重要性如何,然后根据这些要求和相对重要性来衡量采用何种语言。通常考虑的因素有项目的应用范围、算法和计算复杂性、软件执行的环境、性能上的考虑与实现的条件、数据结构的复杂性、软件开发人员的知识水平和心理因素等。其中,项目的应用范围是最关键的因素。

1.4.4 程序复杂性度量

编码时要尽量降低程序的复杂性,使软件的简单性和可理解性提高,并使软件的开发费用减少,开发周期缩短,同时也可减少软件内部潜藏的错误。

程序复杂性主要指模块内程序的复杂性,程序复杂性度量也是软件可理解性的另一种度量,主要有以下三种方法。

1. 代码行度量法

其基本考虑是统计一个程序模块的源代码的行数目,以源代码的行数作为程序复杂性的度量。该方法基于两个前提,一是程序复杂性随着程序规模的增加不均衡地增长,二是控制程序规模的最好方法是将一个大程序分解成若干个简单可理解的程序段。该方法简单,但它估计得很粗糙。

2. McCabe 度量法

它也称为环路复杂度,它基于一个程序模块的程序图中环路的个数。若把程序流程图中的每个处理符号都退化成一个结点,原来联结不同处理符号的有向线变成连接不同

结点的有向弧,这样得到的有向图就叫做程序图。计算有向图 G 的环路复杂性公式为:

$$V(G) = m - n + 2$$

其中,$V(G)$ 是有向图 G 中的环路的个数,m 是图 G 中的有向弧的个数,n 是结点的个数。McCabe 环路复杂度度量也可看作由程序图中有向弧所封闭的区域的个数。当分支或循环的数目增加时,程序中的环路也随之增加,因此 McCabe 环路复杂度的度量值实际上是为软件测试的难易程度提供了一个定量度量方法,同时也间接表示了软件的可靠性。实验表明,源程序中存在的错误个数以及为了诊断和纠正这些错误所需的时间与 McCabe 环路复杂度度量值有明显的关系。McCabe 建议,对于复杂度超过 10 的程序,应将它分成几个小程序,以减少程序中的错误。

3. Halstead 软件科学

其依据是四个基本量,分别是程序中不同的运算符的个数 n_1,不同的运算对象的个数 n_2,运算符总个数 N_1 和运算对象总个数 N_2。

预测的词汇量:$H = n_1 \cdot \log_2 n_1 + n_2 \cdot \log_2 n_2$

实际的词汇量:$N = N_1 + N_2$

程序的词汇表:$n = n_1 + n_2$

程序量:$V = (N_1 + N_2) \cdot \log_2 (n_1 + n_2)$

程序级别:$L = \dfrac{V^*}{V}$ 或 $L = \left(\dfrac{2}{n_1}\right) \cdot \left(\dfrac{n_2}{N_2}\right)$

其中,V^* 是理想语言的理想程序量,因而 L 总是小于 1。

语言级别:$\lambda = L^2 \cdot V$

编程工作量:$E = \dfrac{V}{L}$

程序潜在的错误个数:$B = \dfrac{V}{3000}$

1.5　软件测试

测试是软件工程中非常重要的一个阶段,是保证软件质量和可靠性的重要手段。根据软件的重要性不同,软件测试所占的工作量也有所不同。通常,软件测试工作量约占整个软件开发工作量的 40%,重要软件的测试工作量可占整个软件开发工作量的 80% 以上。

1.5.1　软件测试基础

1. 测试的目标

G. Myers 在他的名著 *The Art Of Software Testing* 中提出了软件测试的目标,其目标如下所述。

(1) 测试是为了寻找错误而运行程序的过程。

(2) 如果用一个测试用例发现了一个以前未发现的错误,那么该测试用例就是一个好的测试用例。

（3）如果一次测试发现了一个以前未发现的错误，那么，这次测试就是成功的。

由此可见，测试是为了发现并排除软件工程各个阶段和各项工作中出现的错误，而不是向别人展示该软件如何正确。

2. 测试的原则

在进行有效测试之前，应该了解软件测试的基本原则，因为软件测试的目标是发现错误，因而从用户的角度看，最严重的错误就是软件系统不能满足用户的需求。在需求模型完成后就要开始制定测试计划，在软件设计模型确定后要定义详细的测试用例。Pareto原则表明 80% 的程序错误可能起源于 20% 的程序模块，因而，关键在于如何孤立出这 20% 的模块并对其进行重点和大量的测试。测试应先在单个模块中寻找错误，然后在集成的模块簇中寻找错误，最后在整个系统中寻找错误。即使是一个很小的程序，其测试数据的组合及路径的排列都是天文数字，因而，穷举测试几乎不可能，有效的方法是检测重要数据，充分覆盖程序逻辑，并检测程序中的所有条件是否都满足。因为软件测试是为了发现错误，严格地说是"破坏性的"，因而为了达到最佳效果，开发人员并不是最佳测试的人选。

3. 可测试性

可测试性的度量有很多，有时可测试性被用来表示一个特定测试集覆盖产品的充分程度，有时用它来表示工具被检验和修复的容易程度，可测试性软件包括可操作性、可观察性、可控制性、可分解性、简单性、稳定性和易理解性等特征，每个特征展开后都有很多内容。

关于测试本身，Kaner、Falk 和 Nguyen 给出了良好测试的四个属性。

（1）一个好的测试发现错误的可能性很高。为此，测试者要理解软件，并尝试设想如何才能让软件失败，在理想情况下，一个好的测试应该能检测出错误的类别。

（2）一个好的测试不冗余。每一个测试都应有不同的用途，哪怕是细微的差异。

（3）一个好的测试应该是"最佳品种"。在一组目的相似的测试中，时间和资源的限制可能都只影响这些测试中某个子集的执行，此时，应该使用最可能找到所有错误的测试。

（4）一个好的测试既不太简单，也不太复杂。每一个测试都应该独立执行，如果将一组测试组合到一个测试用例中，可能会屏蔽掉某些错误。

1.5.2　测试步骤和策略

1. 软件测试过程与开发过程的对应关系

软件开发过程是一个自顶向下、逐步细化的过程，而测试过程则是自底向上、逐步集成的过程，软件测试与开发过程的对应关系如图 1-4 所示。软件测试实际上是顺序实现的四个步骤的序列，最初对每个程序模块都进行单元测试以清除程序模块内部在逻辑上和功能上的错误和缺陷，然后将模块装配并对照设计说明对它进行集成测试，检测和排除子系统及系统结构上的错误，之后再对照需求说明书进行确认测试，检测系统是否满足预期要求，最后将软件纳入实际的运行环境中与其他系统元素组合在一起进行系统测试，检验所有的元素配合是否合适以及整个系统的性能和功能是否达到。

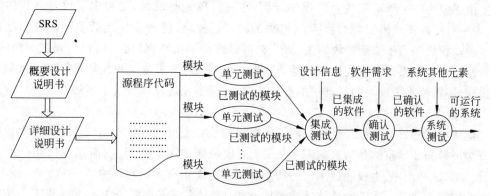

图 1-4 软件测试与开发过程的对应关系

2. 测试信息流

软件测试信息流如图 1-5 所示,测试过程需要三类输入:软件配置、测试配置和测试工具。软件配置包括软件需求规格说明、软件设计说明和源代码等。测试配置包括测试计划、测试用例和测试驱动程序等。测试工具为测试的实施提供某种服务。例如,测试数据自动生成程序、静态分析程序、动态分析程序和测试结果分析程序等。测试之后,用实测结果与预期结果进行比较,若发现出错数据,就要进行调试。对已经发现的错误进行错误定位和确定出错性质,并纠正这些错误,同时修改相关文档。修正后的文档要经过再次测试。通过收集和分析测试结果数据,对软件建立可靠性模型。如果测试发现不了错误,则说明测试配置考虑得不够细致充分,错误仍然潜伏在软件中。

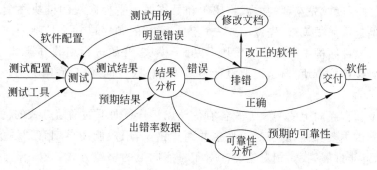

图 1-5 测试信息流

3. 单元测试

单元测试又称为模块测试,其目的在于发现各模块内部可能存在的差错,单元测试从程序的内部结构出发设计测试用例,多个模块可平行独立地进行单元测试。

单元测试的内容包括模块接口测试、局部数据结构测试、路径测试、错误处理测试和边界测试,要特别注意的是,数据流、控制流中正好等于、大于或小于确定的比较值时出错的可能性,对这些地方要仔细选择测试用例,认真加以测试。如果对模块运行时间有要求的话,还要专门进行关键路径测试,以确定在最坏情况下和平均意义下影响模块运行时间的因素。这类信息对程序的性能评价是十分有用的。

由于模块(单元)不是独立的程序,因此在进行单元测试时,要考虑模块与外界的联系,用一些辅助模块模拟与被测模块相联系的其他模块,辅助模块包括驱动模块和桩模块。驱动模块相当于被测模块的主程序,它可以接受测试数据,把它们传送到被测模块,最后输出实测结果。桩模块用于代替被测模块所调用的子模块。桩模块可以做少量的数据操作,不需要将子模块的所有功能都包括进去,但不允许什么事情也不做。

4. 集成测试

集成测试的目标是将经过单元测试的模块构成一个设计所要求的软件结构。集成测试分为增殖和非增殖两种方式,不同的方式对模块测试用例的形式、所用测试用例的类型、模块测试的次序、生成测试用例的费用和调试的费用有不同的影响。

非增殖方式是一次性的整体集成测试方式,该方式首先将系统中各个模块逐个单独进行测试,然后一次集成,这种方式允许多个测试人员同时工作,但是由于必须为每个模块都设计相应的驱动模块(系统主模块除外)和桩模块(结构中最底层的叶子模块除外),因此其测试成本较高。另外,如果集成后的系统中包含多种错误,而这些错误又是由错综复杂的原因造成的,则难以对错误定位和纠正。由于程序中不可避免地存在涉及模块间接口、全局数据结构等方面的问题,因而一次试运行成功的可能性并不大,所以,集成测试更多地是采用增殖方式。

增殖方式是逐次将一个个未曾测试的模块与已测试的模块(或子系统)组成程序包,将这个程序包作为一个整体进行测试,通过增殖逐步集成。由于一次只增加一个模块,所以,错误容易发现和定位。根据集成过程可将增殖方式分为自顶向下、自底向上和混合增殖三种方式。自顶向下方式是从主控模块开始沿着系统的控制层次自顶向下一次一个模块地集成,以先深度或先宽度的方式将属于和最终属于主控模块的模块逐个纳入软件结构中。即使确定了测试策略(先深度或先宽度),测试的顺序也并不是唯一的。自底向上增殖方式是从软件结构中的最底层模块(即叶子模块)开始进行组装并测试,虽然这种测试方式不需要设计桩模块,但是需要设计很多驱动模块。同样,自底向上的集成测试的顺序也不是唯一的。

自顶向下和自底向上的增殖方式各有优缺点。自顶向下的增殖方式的优点是在系统开始时就能测试主要界面,能够尽早发现并纠正错误,用户能在早期看到系统的概貌,边实现边测试,逐步进展,找错相对容易。对于自底向上的增殖方式,通常编写驱动模块比桩模块容易,而且一个驱动模块有可能为几个子模块所共用,驱动模块的需要量比桩模块少得多。另外,程序中的关键部件和包含新算法且容易出错的模块通常处于底层,这就有利于并行测试,降低了问题的复杂性,从而可提高测试速度。再者,由于驱动模块直接处于被测模块之上,不存在由于其他模块的介入而引起测试用例设计的困难以及测试结果不能判定的问题。自顶向下的增殖方式的缺点是需要建立桩模块,要使桩模块模拟实际子模块的功能是很困难的,同时,涉及复杂算法和输入输出的模块一般都在底层,它们是最容易出问题的模块,到集成测试的后期才遇到这些模块,一旦发现问题,会导致过多的回归测试。自底向上的增殖方式的缺点是程序一直未能作为一个实体存在,主要控制直到最后才能看到。

根据自顶向下和自底向上的增殖方式各自的优缺点,人们又提出了一些混合增殖策略,如衍变的自顶向下增殖方式、自顶向下—自底向上增殖测试、自底向上—自顶向下增殖测试、回归测试以及莽撞测试等。

5. 确认测试

确认测试又称有效性测试,它的任务是验证软件的功能、性能以及其他特性是否与用户的要求一致。在软件需求规格说明书中描述了全部用户可见的软件属性,其中有一节叫做有效性准则,它包含的信息就是软件确认测试的基础。

确认测试阶段的主要工作如图 1-6 所示。首先,进行有效性测试和软件配置复查,然后进行验收测试和安装测试。

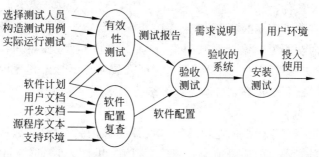

图 1-6　确认测试的主要工作

有效性测试是在模拟的环境下,运用黑盒测试的方法,验证被测软件是否满足软件需求规格说明书中列出的需求。通过实施预定的测试计划和测试步骤,确定软件的特性是否与需求相符,确保所有的软件功能需求都能得到满足,所有的软件性能需求都能达到,所有的文档都是正确的且便于使用。

软件配置复查的目的是保证软件配置的所有成分都齐全,各方面的质量都符合要求。除了由人工审查软件配置之外,在确认测试的过程中,应当严格遵守用户手册和操作手册中规定的使用步骤,以便检查文档资料的完整性和正确性。

验收测试是以用户为主的测试。软件开发人员和 QA(Quality Assurance,质量保证)人员也应参加,由用户参加设计测试用例,使用用户界面输入测试数据,并分析测试的输出结果。一般使用生产中的实际数据进行测试。在测试过程中,除了考虑软件的功能和性能外,还应对软件的可移植性、兼容性、可维护性、错误的恢复功能等进行确认。

如果软件产品是为很多用户开发的,让每个用户都进行正式的验收测试是不切实际的,这时采用 α 测试和 β 测试方法,可以发现可能只有最终用户才能发现的错误。

α 测试是由一个用户在开发环境下进行的测试,也可以是公司内部的用户在模拟实际操作环境下进行的测试,它是在受控制的环境下进行的测试。β 测试是由软件的多个用户在一个或多个用户的实际使用环境下进行的测试。与 α 测试不同的是,β 测试的开发者通常不在测试现场。因而 β 测试是在开发者无法控制的环境下进行的软件现场应用。

6. 系统测试

系统测试是将通过确认测试的软件作为整个计算机系统的一个元素,与其他系统元素(如硬件、信息等)结合在一起进行的测试,其目的是通过与系统需求定义的比较,发现软件与定义不符合或与之矛盾的地方。系统测试实际上是针对系统中各个组成部分进行的综合性检验,它已超出了软件工程的范围。

系统测试的种类有很多,主要有恢复测试、安全测试、压力测试和性能测试四种。

1.5.3　测试用例设计

软件测试大致可分为人工测试和基于计算机的测试,基于计算机的测试主要有白盒测试和黑盒测试。白盒测试是根据软件的内部工作过程设计测试用例,检查每种操作是否都符合要求。白盒测试把待测试对象看作是一个透明的玻璃盒子,测试人员利用程序内部的逻辑结构及条件,设计并选择测试用例,对程序的所有逻辑路径及条件都进行测试。通过在不同点检查程序的状态,确定程序实际的状态是否与预期的状态一致。黑盒测试是根据软件的功能说明设计测试用例,检查每个已经实现的功能是否都符合要求。黑盒测试把待测试对象看作是一个黑盒子,测试人员完全不考虑程序内部的逻辑结构和内部特性,因此,黑盒测试是在软件的接口上进行的测试。

1. 逻辑覆盖

逻辑覆盖是根据程序内部的逻辑结构来设计和选择测试用例,它属于白盒测试。该方法要求测试人员对程序的逻辑结构有清楚的了解,由于覆盖测试的目标不同,所以它又可分为语句覆盖、分支覆盖、条件覆盖、分支/条件覆盖、条件组合覆盖和路径覆盖。

2. 等价类划分

等价类划分是黑盒测试的方法,如果把所有可能的(有效的和无效的)输入数据划分成若干等价类,并合理地假定:每一类中的一个典型值在测试中的作用与该类中所有其他值的作用都相同,这样就可以从每个等价类中都只取一组数据作为测试数据,既具有代表性,又可能发现程序中的错误。

使用等价类划分方法设计测试用例首先要划分输入数据的等价类,为此需要研究程序的功能说明,从而确定输入数据的有效等价类和无效等价类。在确定输入数据的等价类时还需要分析输出数据的等价类,以便根据输出数据的等价类导出对应的输入数据的等价类。

划分出等价类以后,根据等价类设计测试用例时主要使用下面两个步骤。

(1) 设计一个新的测试用例以尽可能多地覆盖尚未被覆盖的有效等价类,重复这一步骤直到所有的有效等价类都被覆盖为止。

(2) 设计一个新的测试用例,使它覆盖一个而且只覆盖一个尚未被覆盖的无效等价类,重复这一步骤直到所有的无效等价类都被覆盖为止。

通常程序发现一类错误后就不再检查是否有其他错误,因此,应该使每个测试方案都只覆盖一个无效的等价类。

3. 边界值分析

边界值分析属于黑盒测试方法,它使用边界值分析法设计测试用例,首先应确定边界情况。通常输入等价类与输出等价类的边界就是应着重测试的边界。应当选取正好等于、刚刚大于或刚刚小于边界的值作为测试数据,而不是在等价类中选取典型值或任意值作为测试数据。

4. 划分测试与随机测试

划分测试属于黑盒测试,也可用于面向对象软件的测试,其主要特点是程序的输入域被划分成多个子集,测试时从每个子集中都选择一个或多个数据元素进行测试。在划分时可以把输入域分成互不覆盖或互相覆盖的子域。但在实际测试中经常把输入域划分成互不覆盖的子域,这样做的目的是使测试者能在基于子域上选择测试用例,它的结果集应是关于整体域上的最好的代表。理想化的划分是将输入域划分成具有下列性质的子域,对每个子域中的每个元素,程序都要么产生正确的结果要么产生错误的结果,这样的子域叫做同种的子域。如果子域是同种的,则在测试过程中可从每个子域中都选择一个元素并运行程序以监测程序错误。随机测试可看成是划分测试的一种特殊情况。在这种情况下的划分只有一个即整个输入域,它是退化了的划分测试。这样随机测试就不用承担划分和跟踪每个子域是否都被测试的花费。因此,划分测试时一般假定它的子域的数量至少为 2 个。

在确定失败率的假设下,随机测试优于划分测试,特别是当一个划分包含很少大的子域和许多小的子域时更为突出,而在不确定模型的假设下,划分测试则优于随机测试。

5. 错误推测法

错误推测法根据人的经验和直觉推测程序中可能存在的各种错误,从而有针对性地编写检查这些错误的例子。错误推测法的基本思想是:列举出程序中所有可能的错误和容易发生错误的特殊情况,根据它们选择测试用例。

6. 因果图法

等价类划分方法和边界值分析方法都是着重考虑输入条件,而未考虑输入情况的各种组合。因果图的基本原理是通过画因果图,把用自然语言描述的功能说明转换为判定表,最后为判定表的每一列都设计一个测试用例。

7. 人工测试

人工测试一般是不使用计算机进行的测试,其主要方法有桌面检查、代码会审和走查等。经验表明,人工测试方法能有效地发现 30%～70% 的逻辑设计和编码错误。桌面检查是由程序员坐在桌前,对放在桌面的源程序进行分析、检验,并补充相关文档,以发现程序中的错误。代码会审是由若干程序员和测试员组成一个会审小组,通过开会的方式对程序进行检查。走查也称为人工运行,与代码会审类似,它也是以会议的形式,集体扮演计算机角色,让测试用例沿程序的逻辑运行一遍,以发现程序中的错误。

8. 调试

软件调试也称为排错(Debug),是在进行了成功的测试之后开始的工作,它与软件测试不同,软件测试的目的是尽可能多地发现软件中的错误,而调试的任务则是进一步诊断和改正程序中潜在的错误。调试活动由两部分组成:一是确定程序中可疑错误的确切性质和位置;二是对程序(设计、编码)进行修改,排除这个错误。主要的调试方法有强力法排错、回溯法排错、归纳法排错和演绎法排错等。

1.5.4　软件可靠性

软件可靠性是由测试结果所计算出来的故障率反映的,软件故障率是指在单位时间内软件发生失效的机会。根据软件故障可能造成的损失大小,IEC(国际电工委员会)国际标准 SC65A-123(草案)把软件危险程度分成四个层次。IECSC65A-123 要求一定危险程度的软件要达到一定的可靠性,参见表 1-2。

表 1-2　IECSC65A-123 对软件可靠性的要求

危险程度	连续控制系统	保护系统
	每小时发生危险故障的次数	请求调用时发生故障的概率
灾难性	$10^{-9}\sim10^{-8}$	$10^{-5}\sim10^{-4}$
重大	$10^{-8}\sim10^{-7}$	$10^{-4}\sim10^{-3}$
较大	$10^{-7}\sim10^{-6}$	$10^{-3}\sim10^{-2}$
较小	$10^{-6}\sim10^{-5}$	$10^{-2}\sim10^{-1}$

1. 可靠性和可用性

软件的可靠性和可用性之间有一定的联系,它们又都与软件的平均失败间隔时间 MTBF(Mean Time Between Failures)、平均失败时间 MTTF(Mean Time To Failures)及平均修复时间 MTTR(Mean Time To Repair)相关。

假定正在获取软件失败数据,在 n 种不同的环境下对软件系统进行测试,其失败间隔时间或失败等待时间为 $t_1,t_2,\cdots,t_n$,这些数值的平均值即为平均失败时间 MTTF,可表示为:

$$MTTF = \frac{1}{n}\sum_{i=1}^{n}t_i$$

一旦发现一次失败,就需要耗费一段额外的时间来查找引发失败的错误并修正它。平均修复时间 MTTR 是指修复一个有错误的软件成分所需要花费的平均时间,把它和 MTTF 结合起来,可反映系统不可用状态将持续多少时间,由此可得出平均失败间隔时间 MTBF 的计算公式为:

$$MTBF = MTTF + MTTR$$

当系统越来越可靠时,它的 MTTF 应该增加。当 MTTF 较小时,它的值接近于 0。当 MTTF 越来越大时,它的值接近于 1,由此可定义系统的可靠性度量为:

$$R = \frac{MTTF}{1 + MTTF}$$

它的数值范围在 0~1 之间。同样,可按如下公式度量可用性,使 MTBF 最大从而提高可用性。

$$A = \frac{MTBF}{1 + MTBF}$$

2. 影响软件可靠性的因素

影响软件可靠性的因素是多方面的,如技术、经济、社会和文化等,都会对软件可靠性产生影响,在软件生存期内影响软件可靠性的因素包括软件规模、运行剖面、软件内部结构、软件可靠性设计技术、软件可靠性测试与投入、软件可靠性管理、软件开发人员的能力和经验、软件开发方法以及软件开发环境九个方面。

3. 软件可靠性模型

软件可靠性模型种类繁多,有由硬件可靠性理论导出的数学模型,也有基于程序的内部特性的统计模型。几乎所有的模型都是基于概率假设的,认为软件可靠性行为可以用概率的方法加以解释,其次,它继承了硬件可靠性的基本概念,如故障率、平均故障时间和可靠度函数等,这就忽视了软件和硬件之间的本质差异。因而,这些模型只能适用或部分地适用于特定的场合。

4. 软件可靠性工程

软件可靠性工程是软件工程的一个重要分支,其主要目标是保证和提高软件可靠性,其核心问题是如何开发可靠的软件,在软件开发结束之后,如何检验软件是否满足可靠性需求。

软件可靠性工程是对基于软件产品的可靠性进行预测、建模、估计度量和管理。它贯穿于从产品设想到发行,再到用户使用的整个过程。由于软件的可靠性随软件的使用方式和工作环境而变化,所以尽量精确地考察用户工作环境的特点是软件可靠性工程的一个重要部分,把这种使用环境用一个剖面(profile)来描述,它表示各种应用功能在不同的环境下使用的概率。在软件开发生命周期的初始阶段考察各种功能,确定用户需要在不同环境下完成的任务,通过早期的软件可靠性工程来确定一个功能剖面,在清楚系统完成这些任务所需的操作后,将功能剖面转换为运行剖面。

1.5.5 面向对象的测试

面向对象测试的整体目标和传统软件测试的目标是一致的,但是 OO 测试的策略和战术有较大的不同,测试的视角扩大到包括分析和设计模型的评审,测试的焦点从过程构件(模块)移向了类,集成测试可使用基于线程或基于使用的策略来完成。

1. OO 软件测试的策略

(1)单元测试(类测试)

对 OO 软件的类测试等价于传统软件的单元测试,两者的区别在于,传统的单元测试中的单元指的是程序的函数、过程或完成某一特定功能的程序块,对于 OO 软件而言,单元则是封装的类和对象。传统软件的单元测试往往关注模块的算法细节和模块接口间流动的数据,而 OO 软件的类测试是由封装在类中的操作和类的状态行为所驱动的,它并不是孤立地测试单个操作,而是把所有的操作都看成是类的一部分,全面地测试类和对象所封装的属性和操纵这些属性的操作的整体。具体地说,在 OO 单元测试中不仅要发现类的所有操作中存在的问题,还要考察一个类与其他类协同工作时可能出现的错误。

(2)集成测试

由于面向对象的程序没有层次控制结构,因而传统的集成测试方法不再适用。此外,面向对象的程序具有动态性,程序的控制流往往无法确定,因此对该程序只能做基于黑盒方法的集成测试。

OO 的集成测试主要关注系统的结构和内部的相互作用,以便发现仅当各类相互作用时才会产生的错误。有两种 OO 软件的集成测试策略：基于线程的测试（Thread-Based Testing）和基于使用（Use-Based）的测试。基于线程的测试用于集成系统中只对一个输入或事件作出回应的一组类，多少个线程就对应多少个类组，每个线程都被集成并分别测试；基于使用的测试从相对独立的类开始构造系统，然后集成并测试调用该独立类的类，一直持续到构造成完整的系统。

在进行集成测试时，将类关系图或实体关系图作为参考，确定不需要被重复测试的部分，从而优化测试用例，减少测试工作量，使得进行的测试能够达到一定覆盖标准。测试所要达到的覆盖标准可以是：达到类所有的服务要求或服务提供的一定覆盖率；依据类间传递的消息，达到对所有执行线程的一定覆盖率；达到类的所有状态的一定覆盖率等。同时也可以考虑使用现有的一些测试工具来得到程序代码执行的覆盖率。

（3）确认测试和系统测试

OO 软件的确认测试与系统测试忽略类连接的细节，主要采用传统的黑盒法对 OOA 阶段的用例所描述的用户交互进行测试。同时，OOA 阶段的对象—行为模型、事件流图等都可以用于导出 OO 系统测试的测试用例。

系统测试应该尽量搭建与用户实际使用环境相同的测试平台，应该保证被测系统的完整性，对临时没有的系统设备部件，也应有相应的模拟手段。系统测试时，应该参考 OOA 分析的结果，对应描述的对象、属性和各种服务，检测软件是否能够完全"再现"问题空间。系统测试不仅是检测软件的整体行为表现，从另一方面来看，也是对软件开发设计的再确认。

2. OO 类测试的方法

面向对象软件测试的关键是类测试。类不再是一个完成特定功能的功能模块。每个对象都有自己的生存周期和状态。面向对象程序中相互调用的功能散布在程序的不同类中，类通过消息相互作用申请和提供服务。类作为基本的程序单元，可以应用于许多不同应用软件中作为独立的部件，其复用程度高，不需要了解任何现实细节就能重用。因此，对类的测试要求尽可能同具体环境独立。在类测试的级别上，当前广泛采用的方法是基于状态的测试和数据流测试。

（1）基于状态的测试

类测试主要考察封装在类中的方法和属性的相互作用。对象具有自己的状态，对象的操作既与对象的状态有关，也可能改变对象的状态，因此，类测试时要把对象与其状态结合起来进行对象状态行为的测试。

测试一个面向对象应用的基础单元是类，并且对类的测试工作主要集中在功能测试。如果对象具有重要的事件—命令的动作，那么，状态转换图可以用来为这个单独的类对象建模。经过一系列方法，对象所能达到的最终状态被验证，从而面对对象的类适合于基于状态的测试。

测试过程分为类内测试和状态测试。类内测试是对封装在类中的方法和操作的测试，将类中的各个方法作为单独的函数进行测试，状态测试包括类实例化测试和对象状态的测试。

基于状态的类测试方法的优势是可以充分借鉴成熟的有限状态机理论，但它执行起来还很困难。基于状态的测试主要检查行为和状态的改变,而不是内在逻辑,因此可能遗漏数据错误,尤其是没有定义对象状态的数据成员容易被忽略。

（2）数据流测试

数据流测试使用程序中的数据流图关系来指导测试用例的选择,测试用例结构是从类状态转换图中可行性转换描述的结果变化来的。由于数据流异常会破坏作为数据流测试用例基础的定义—使用对,在类级别上的数据流测试应该完成两个阶段:一是检测和去除信息结果中的数据流异常,二是从规则信息结果中产生类测试用例。

数据流异常检测是数据流测试的关键,当类中不存在数据流异常时,可以直接产生数据流测试用例。

3. 继承层次的测试

继承是一种类层次的对象之间的转移关系,它简化了面向对象的程序设计。一些系统只允许子类有一个继承其属性和方法的父类,而有的系统却允许一个子类有多个父类,后者更接近于实际情况,但祖先类的属性可以通过层次结构中的多条路径被其后代继承,这样,情况就更加复杂,复杂的继承在程序设计和实现阶段容易引起多种错误。

（1）继承图

继承图是一种描述重复继承的单向无环图,在继承图中类用结点表示,用 V 来标识,继承图中的边表示继承关系,用一对顶点来标识,如$(V_1、V_2)$,V_1 表示起始结点,V_2 表示终止结点,一系列顶点序列表示一条非空路径。继承图中没有边指向它的结点为根结点,没有从该结点出发的边的结点为叶结点。继承图是不循环的,也就是说它不存在含有同一结点两次或多次的路径。

当继承图中的一个结点可以通过多条路径从它的一个祖先结点到达自身时,则意味着重复继承发生了。

（2）测试方法

由于继承满足转移性属性,祖先类中的错误可能会很自然地传输到后代类中,所以当测试处于继承层次中的这些类时,拓扑顺序应保存下来。此外,在测试所有子类之前还应测试其父类。

测试层次被分为 N 层,分别用 ILT(1),ILT(2),…,ILT(N)来标志,N 是继承图中最长的继承路径的长度加 1。N 值越大,继承层次出错的可能性就越大。N 层测试的定义如下。

ILT(0):一个继承图中的每个类都至少要测试一次。

ILT(1):两个相关类的每个序列(即继承路径＝1)都需至少测试一次。

ILT(2):三个相关类的每一序列(即继承路径＝2)和这一层的所有继承序列都需至少测试一次。

ILT(N):这一测试层标识 ILT 层次已被完全测试。

测试方法:首先用广度优先搜索算法遍历所有的根类(即没有进入该结点的边,并用序列 ROOT 来标识),然后构造一个关于继承关系的邻接矩阵并检查所有的非零入口以保证类间关系的正确性。ILT(I)是基于"第 I 区域"这一思想的。用 ILT(N)表示的层次原型的测试描述如下。

ILT(0)：这是面向对象软件的对象测试,被测试的对象序列应满足一些特定的要求。因为继承具有转移性属性,所以父对象的错误应尽可能地被测试,显然,被测试的对象序列是呈现一种拓扑顺序的,通过这个拓扑顺序算法,可得到优先序列,如图1-7所示。根据这个序列,ILT(0)应该被正确地作出。优先顺序序列＝{(1,2,3,4,5),(1,2,4,3,5),(1,3,2,4,5),(1,3,4,2,5),(1,4,2,3,5),(1,4,3,2,5)}。

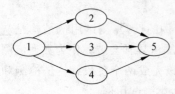

图 1-7 ILT(0)测试层

ILT(1)：给定一个包含 N 个类 $C_1,C_2,\cdots,C_n$ 的继承关系 Q。用于表示 N 个类 $C_1,C_2,\cdots,C_n$ 之间的继承关系的邻接矩阵 Q 的描述如下：

$$Q = [a_{ij}]_{n\times n} = \begin{cases} a_{ij} = 1, & \text{若从 } V_i \text{ 到 } V_j \text{ 存在一条直接的边,且 } i \neq j \\ a_{ij} = 0, & \text{其他} \end{cases}$$

为了保证 Is-a 关系是正确的,每一个 $a_{ij}=1$ 都至少需要被测试一次。

ILT(2)：所有长度为 2 的继承路径都至少测试一次。用 Q_2 表示 $Q\times Q$,当且仅当从类 a_i 到类 a_j 有 K 条不同长度为 2 的路径时,Q_2 的入口被定义为 $a_{ij}=K$,其他情况为 $a_{ij}=0$。

$$Q_2 = [\alpha_{ij}]_{n\times n} = \begin{cases} \alpha_{ij} = K, & \text{存在 } K \text{ 条长度为 2 的不同路径} \\ \alpha_{ij} = 0, & \text{其他} \end{cases}$$

每个 a_{ij} 都需至少测试一次,这样就能测试所有三个类之间的关系了。如果 $a_{ij}=K>1$,则从 K 条不同路径中重组 2 条,3 条,$\cdots$,K 条路径,以形成一些重复继承(其中 i 属于 ROOT)。另外,如果 a_{ij} 不为零且在 ILT(1)中相关入口 a_{ij} 也不为零,也把 ILT(1)和 ILT(2)的路径重组以得到另外 些重复继承,把这些重复继承分解成重复继承单元(URI)可以帮助检测这一层的所有名字冲突。

ILT(i)：所有长度为 i 的继承路径都应该至少测试一次。这些长度为 i 的路径被保存在 Q_i 中,其定义如下：

$$Q_i = [\alpha_{ij}]_{n\times n} = \begin{cases} \alpha_{ij} = K, & \text{存在长度为 } i \text{ 的 } K \text{ 条不同路径} \\ \alpha_{ij} = 0, & \text{其他} \end{cases}$$

每一个不等于零的 a_{ij} 都至少需测试一次,这样就可以测试所有 i 个类之间的关系。

ILT(n)：给定一个矩阵 $Q_n(Q_{n-1}\times Q)$,如果 $Q_n([a_{ij}]_{n\times n})$ 中所有元素均为零,那么 ILT 测试就结束了。

ILT 方法是一种对类的多重继承性进行测试的简单易行的方法,并且可以防止一些层次的测试遗漏,它的算法可以通过 Z 规格说明语言来描述。但 ILT 方法的一个明显的缺点就是对类要进行多次测试,这不仅增加了软件人员的工作量,而且增加了工程的代价。

(3) 自动测试方法

面向对象程序中的类经常要经过多次测试,如果测试者都要大量参与,则代价太高,因此,自动测试方法是更方便有效的方法。

1.6 软件复用

1.6.1 软件复用的概念

软件复用,也叫重用,它是利用某些已开发的、对建立新软件系统有用的软件元素来生成新的系统,其目的是要使软件开发工作进行得更快、更好、更省。"更快"是指开发时间短,"更好"是指软件运行效率高,"更省"是指开发和维护成本低。软件复用可以分为横向复用和纵向复用两种。横向复用是不同应用领域中软件元素的复用,如数据结构、排序算法、人—机界面构件的复用等。标准函数库是一种典型的横向复用机制。纵向复用是指在一类具有较多共性的应用论域之间软件构件的复用。由于在两个截然不同的应用论域之间进行软件复用的潜力不大,所以,纵向复用受到广泛关注。

1. 软件复用的类型

Caper Jones 定义了十种软件复用类型,它们分别是项目计划、成本估算、体系结构、需求模型和规格说明、软件设计、源代码、用户文档和技术文档、用户界面、数据结构以及测试用例。软件复用可包含软件工程过程中的任何元素,如特定的分析建模方法、检查技术、测试用例检查技术、质量保证过程以及很多其他软件工程实践。

(1)项目计划 软件项目计划的基本结构和许多内容都可以跨项目复用,这样可以减少制定计划的时间,也可降低因建立进度表、风险分析及其他特征而产生的不确定性。

(2)成本估算 由于不同项目中常包含类似的功能,所以可以在少修改或不修改的情况下,复用对该功能的成本估算。

(3)体系结构 可以创建若干程序和数据的体系结构模块,在开发新的软件系统时从中选择合适的模板作为可复用的框架。

(4)需求模型和规格说明 类的模型、对象的模型和规格说明显然都可以复用。此外,用传统软件工程方法开发的分析模型(如数据流图等)也可以复用。

(5)软件设计 用传统方法开发的体系结构、数据、接口以及过程化设计方法都可以复用。

(6)源代码 用兼容的程序设计语言书写并经验证过的程序构件可以被复用。

(7)用户文档和技术文档 一般情况下,用户文档和技术文档中的大部分内容都可以复用。

(8)用户界面 用户界面是最广泛被复用的内容,其复用效果最明显。

(9)数据结构 内部表、列表和记录结构以及文件和完整的数据库都可作为经常复用的数据结构。

(10)测试用例 若将某种设计或代码构件定义成可复用构件,则相关的测试用例也应当成为这些构件的附件进行复用。

2. 软件复用的粒度

将上面十种软件复用类型的制品按照复用粒度从小到大可以划分成四类,源代码复用是最常见的复用,也是粒度最小的复用。复用粒度越大,软件开发的效率越高。

源代码复用是指对构件库中用高级语言编写的源代码构件的复用,源代码构件本身就是为复用而开发的,存放在可供访问的构件库中,使用者可以通过对构件库的检索找到适用的构件,并设置参数值使它具有新的适应性,即可通过调用过程来调用构件。这类复用的特点是,一方面由于构件是经过充分测试的,因此具有较高的可靠性,而且使用者在使用时只需设置参数而无需介入构件内部,降低了复用的难度。另一方面,由于构件是为复用而开发的,因而其通用性、抽象性是在具体使用时必须要面对的问题。

软件体系结构的复用既可以支持高层次的复用,也可以支持低层次的复用。这类复用要求存放体系结构的库能提供有效的检索,使用者通过良好定义的接口进行集成。这类复用的特点是,一方面由于可复用较大粒度的软件制品,因而其修改具有局部性。另一方面,由于难以抽象出简明的描述,因而存放体系结构的库往往不易管理。

应用程序生成器用于对整个软件系统设计的复用,是粒度较大的复用,它包括整个软件体系结构、相应的子系统和特定的数据结构和算法。通常,从高层的领域特定的需求规约可自动生成一个完整的可执行系统,生成器根据输入的规约填充原来不具备的细节。这种方法一般适用于一些成熟的领域。这类复用的特点是,一方面自动化程度高,能获取某个特定领域的标准和以黑盒形式的输出结果(即应用程序)。另一方面,特定的应用程序生成器不易构造。

领域特定的软件体系结构的复用是对特定领域中存在的一个公共体系结构及其构件的复用。这类复用要求软件人员对领域有透彻理解才能进行领域建模,而且库是针对特定领域的,领域模型、基准体系结构和库都随着领域的发展而不断发展。基准体系结构是用体系结构描述语言来描述的,根据相关的领域特定的层面集合,从库中选择基准体系结构和构件,并通过良好定义的接口进行集成。这类复用的特点是,一方面由于复用粒度大,因而复用的程度高,对可复用构件的组合提供了一个通用框架。另一方面,前期投资很大。

1.6.2　领域工程

针对复用的过程模型如图 1-8 所示,这种过程模型强调并行的工作方式,基于这种方式,领域工程和基于构件的应用开发同时进行。领域工程创建应用领域的模型,该模型将成为软件工程流程中分析用户需求的基础,软件体系结构及相应的结构点为针对应用的设计提供了输入。最后,当可复用构件构造好并放入可复用构件库中时(在领域工程中进行),则可在软件构件活动中供软件开发人员使用。

领域工程的目的是标识、构造、分类和传播一组软件要素,向应用软件提供应用对所需求的问题和背景知识。领域工程的主要任务是针对单个或一族相似的领域,以软件复用为目标,探寻并挖掘领域或领域族中能够被多个应用软件系统共用的软件要素,并对它们进行结构化组织,放入可复用构件库,以备使用。

领域分析是发现和记录某个领域共性和差异的过程,它是系统化、形式化和有效重用的关键,将知识转换成为一般性规格说明、设计和体系结构就是通过领域分析实现的。因而,不同时期将产生不同的领域知识。而开发单个应用系统的软件工程称为应用工程,领域工程与应用工程既有区别也有联系。在基于领域工程的软件开发中,同一领域中的系

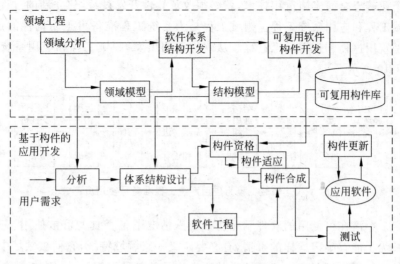

图 1-8　针对复用的过程模型

统需求和功能必然具有显著的共性,领域模型描述了需求上的共性。在领域工程中,开发人员的基本任务是对一个领域中的所有系统都进行抽象,而不是局限于个别系统,较之应用工程,领域工程具有较高的抽象性。

领域工程包括三部分:一是领域分析,主要是找到领域中不同应用的共同点和差异点并得到领域模型;二是领域设计,主要是开发领域体系结构和符合领域体系结构的可重用构件;三是领域实现,以找到的领域模型和可重用构件为基础对可重用构件进行组织,以便于构件的查询和重用。领域工程与应用工程是相互联系的,一方面,在进行应用工程时,通过将当前系统与领域需求进行比较,系统分析员就可以很快地建立当前系统的需求模型;另一方面,领域工程与应用工程需要解决一些相似的问题,领域工程的步骤、行为和产品等很多方面都可以和应用工程进行类比。通用模型是创建易于重用的构件的基础,创建可重用的一般模型首先要创建模板,一旦可重用构件库就绪,便通过对象化或专业化构件来创建新的应用程序,而后的工作就是开发一个领域的体系结构,它依赖机制、特性和子系统,采用适当的可变性机制(例如继承性或模板)来描述其领域特性,最后实现可重用知识库,从而得到经过确认的可重用构件系统,图 1-9 所示为从领域需求到实现可重用知识库的全过程。

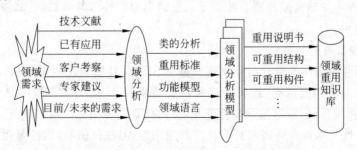

图 1-9　基于领域分析创建可重用一般模型的过程

软件企业若想全面实施重用技术,就必须改革软件开发过程,建立新的过程。新的过程包括领域工程和应用系统工程。领域工程是为系统工程准备可重用构件的过程,应用系统工程是重用过程和重用反思过程。从软件重用出发,领域工程和应用系统工程的关系图如图 1-10 所示。

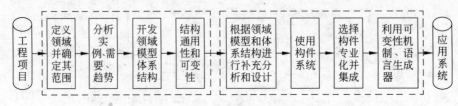

图 1-10　领域工程为应用系统工程准备可复用资产

要确定一个潜在可复用的软件制品在某特殊情况下是否真的可被使用,有时是一件困难的事。为了能够确定这样的事情,有必要定义一组领域特征,它们被领域中所有的软件共享。领域特征定义了存在于领域中的所有产品的某种类属属性,例如,类属属性可能包括:安全/可靠性的重要性、程序设计语言、处理中的并发性以及很多其他内容。

表 1-3 列出了典型的可能对软件复用有影响的领域特征,为了有效地复用软件制品,必须考虑这些领域特征。

表 1-3　影响复用的软件特征

产　　品	过程	人员	产　　品	过程	人员
需求稳定性	过程模型	机动	程序设计语言	生产率	平台
并发软件	过程符合性	教育	安全/可靠性		语言
内存限制	项目环境	经验/培训	寿命需求		开发队伍
应用大小	进度限制	应用领域	产品质量		生产率
用户界面复杂性	预算限制	过程	产品可靠性		

1.6.3　可复用构件的建造及复用

由于构件库中的构件都是用一定模式进行分类的,所以用户可首先通过相应的查询工具,在构件库中按照匹配原理查找满足自己需求的构件。如果找到,就将它复合组装到新的应用程序中。

1. 构件应具有的特征

(1) 通用性　构件的可复用性体现在能否在开发其他软件时得到使用,构件的使用率越高说明其可复用度越高,而构件必须具有通用性,才能为大多数软件开发过程所接受。因此,建造构件时,应尽量使构件泛化,提高构件的通用性。

(2) 可变性　尽管构件通常具有较高的通用性,但在使用时,构件是运用在一个具体的开发环境中的,构件的某些部分可能要修改,使原本泛化的构件特化。因此在建造构件时,应该提供构件的特化和调整机制。

（3）易组装性　在开发一个软件系统时，首先从构件库中检索到若干合适的构件，然后将它们经过特化进行组装。组装包括同构件的组装（即具有相同软、硬件运行平台的构件之间的组装）和异构件的组装（即具有不同软硬件运行平台的构件之间的组装）。为了使构件易于组装，构件应具有良好的封装性和良好定义的接口，构件间应具有松散的耦合度，同时还应提供便于组装的机制，这些就是对构件易组装性的特征要求。

2. 领域构件的设计框架

在建造构件时，必须考虑应用领域的特征。Binder 建议在设计时应主要考虑以下三个方面的关键问题。

（1）标准数据　应该研究应用领域，并标识标准的全局数据结构（如文件结构和完整的数据库等），这样所有设计的构件都可以用这些标准数据结构来刻画。

（2）标准接口协议　应建立三个层次的接口协议：构件内接口、构件外接口以及人机接口。

（3）程序模块　成形的结构模型可以作为新程序的体系结构设计的模板。

一旦建立了应用领域的标准数据、标准接口协议和程序模板，设计者就有了一个可以进行领域构件设计的框架。由这个框架设计出来的新构件在以后该领域的复用中将会有更高的复用概率。

3. 几种流行的构件技术

为了便于构件相互之间的集成和装配，必须有一个统一的标准。一些较有影响的构件技术有微软公司的 COM/OLE、对象管理组织（OMG）的跨平台的开放标准 CORBA 以及 OpenDoc 等。这些技术的流行为构件提供了实现的标准，也为构件的集成和组装提供了很好的技术支持。

COM（Component Object Model，组件对象模型）是 Microsoft 开发的一种构件对象模型。它提供了对在单个应用中使用不同厂商生产的对象的规约。OLE 是 COM 的一部分，由于 OLE 已成为微软操作系统的一部分，因此它目前应用最为广泛。它给出了软件构件的接口标准。任何人都可以按此标准独立开发组件和增值组件（指在组件上添加一些功能构成的新组件），或由若干组件组建集成软件。在这种软件开发的方法中，应用系统的开发人员可在组件市场上购买所需的大部分组件，因而可以把主要精力放在应用系统本身的研究上。

CORBA（Common Object Request Broker Architecture，公共对象请求代理体系结构）是面向对象的分布式中间件技术，它是由 OMG（Object Management Group）推出来的。OMG 是以美国为主体的非国际组织，其成员包括很多信息技术公司和机构，其主要任务是接纳广泛认可的对象管理体系结构（Object Management Architecture，OMA）或其语境（context）中的接口和规程规范。

OMA 结构如图 1-11 所示，其中 ORB 作为对象互相通信的软总线，是用来联系客户端和对象间的通信的，它是 OMA 体系结构的核心，它保证在分布式异构环境中透明地向对象发送和接受请求，帮助实现应用部件之间的互操作。在 ORB 上有四个对象接口：对象服务、公共设施、领域接口和应用接口。

CORBA 3.0 主要包括以下几个部分：CORBA 消息服务、通过值传递对象、CORBA

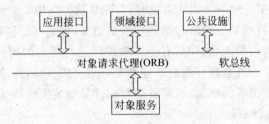

图 1-11　OMA 体系结构

的构件技术、实时 CORBA、嵌埋式 CORBA、Java/IDL 的映射、防火墙、DCE/CORBA 之间的协作。

CORBA 定义了一个带有开放软件总线的分布式结构,在这种结构中,来自不同厂商的、运行在不同操作系统上的对象都能进行互操作。CORBA 对象可以用任何一种 CORBA 软件开发商所支持的语言(如 C、C++ 、Java、Ada 和 smalltalk 等)来编写。

OpenDoc 是 1995 年 3 月由 IBM、Apple 和 Novell 等公司组成的联盟推出的一个关于复合文档和构件软件的标准。该标准定义了为使得某开发者提供的构件能够和另一个开发者提供的构件相互操作而必须实现的服务、控制基础设施和体系结构。由于 OpenDoc 的编程接口比 OLE 小,因此 OpenDoc 的应用程序能与 OLE 兼容。

4. 建立可复用的构件库

一个可复用的构件库中存放着成千上万的可复用构件。要想方便地选择和使用该库中的可复用构件,要求对构件库有严密地管理、有效地分类和科学地描述。目前最常用的有以下三种分类模式。

(1) 枚举分类(Enumerator Classification)　通过定义一个层次结构来描述构件,在该层次中定义软件构件的类以及不同层次的子类。枚举分类的优点在于易理解和使用,这是因为对每个层次都进行了详细地定义。但它要求在进行领域分析时,对每个层次都给予足够的信息,造成了成本的提高。

(2) 刻面分类(Faceted Classification)　对领域进行分析后,可标识出一组基本的描述特征,这些特征就称为刻面(意为呈现于用户前面的一个方面)。刻面可以描述构件的功能、被操作的数据和构件应用的语境等各种特征,并根据其重要性区分优先次序并被联系到构件。通常一个构件的刻面描述被限定不超过七或八个。每个刻面都可含有一个或多个值,这些值一般是描述性关键词。通过关键词可以很容易地查到所需的构件。刻面描述具有较大的灵活性,因为可以随时增加新的刻面值,同枚举分类相比,刻面分类更易于扩展和进行适应性修改。

(3) 属性—值分类(Attribute-Value classification)　为领域中的所有构件定义一组属性,然后赋给这组属性一组值。通过查询相应属性的值,找出所需构件。

属性—值分类与刻面分类具有相似处,但也有不同。属性—值分类对可使用的属性数量没有限制,而刻面分类被限定不超过 7 或 8 个刻面;属性—值分类中的属性没有优先级,而刻面可以区分优先级;属性—值分类不具有同义词功能,而刻面分类可以查找相关的技术同义词。

构件库不仅要选择适当的分类方法,还须有方便的环境支撑。一个良好的可使用复用构件的环境,通常包括以下内容:存放描述构件的分类信息的数据库、该数据库的管理系统、允许用户查找构件的检索系统以及可以自动将构件加入新系统中的 CASE 工具。

5. 软件构件的复用

(1) 检索与提取构件 检索分为关键词检索、多面检索和超文本检索,基于关键词的检索方法简单易于实现,多面检索方法的优点是易于实现相似构件的查找,超文本检索方法的优点是用户界面友好。

(2) 理解与评价构件 准确地理解构件,对于正确地使用和修改构件至关重要,可借助 CASE 工具或逆向工程来理解构件,通过对构件进行分析,并结合领域知识,生成构件的设计信息,然后借助设计信息完成对构件的理解和修改。对软件构件的可复用性进行评价,主要是收集和分析构件用户在实际复用构件过程中所得出的各种反馈信息,然后按照某种领域模型来完成。这些反馈信息包括复用成功的次数、对构件的修改工作量、构件的健壮性度量(如出错数量等)、性能度量(如执行效率和资源消耗量等)等。

(3) 构件的修改 多数情况下,需要对构件做或多或少的修改以适应新的需求。为了减少修改的工作量,要求构件的开发人员尽量使构件的功能、行为和接口抽象化、通用化、参数化。这样,构件的用户就可以通过对实际参数的选择来调整构件的功能和行为。如果这种调整仍不能使构件适应新的软件项目,用户就必须借助设计信息和说明文档来理解、修改构件。因此,与构件有关的说明文档和那些抽象层次更高的设计信息对于构件的修改都至关重要。

(4) 构件的合成 构件合成是指将可复用构件库中的构件经适当修改后相互连接,或将它们与当前软件项目中的软件元素相连接以构成最终的目标系统。构件合成技术大致可分为基于功能的、基于数据的和面向对象的合成技术等。基于功能的合成技术采用子程序调用和参数传递的方式将构件结合起来。它要求可复用构件库中的构件必须以标准子程序(标准过程或函数)的形式出现,而且接口说明必须准确、清楚。当使用这种合成技术进行软件开发时,软件开发人员必须对目标软件系统进行自顶向下的功能分解,将系统分解为高内聚、低耦合的功能模块。然后,根据各模块的功能需求提取构件,对构件进行适应性修改后,再将构件纳入功能分解的层次框架中。基于数据的合成技术首先根据应用问题的核心数据结构设计一个框架,然后根据框架中各结点的需求提取构件并进行适应性修改,再把构件逐个分配到框架中的适当位置。此后,构件的合成方式仍然是传统的子程序调用与参数传递。这种合成技术也要求可复用构件库中的构件以子程序的形式出现,但它所采用的软件设计方法不再是功能分解,而是面向数据结构的设计方法,如Jackson 系统开发方法等。

1.6.4 面向对象的软件复用技术

由于封装和继承的特性,面向对象方法比其他软件开发方法更适于支持软件复用。封装意味着可以将表示构件的类看作黑盒子。用户只需了解类的外部接口,即了解它能够响应哪些消息,相应的对象行为是什么。继承是指在定义新的子类时,可以利用可复用构件库中已有的父类的属性和操作。当然,子类也可以修改父类的属性和操作,或者引进新的属性与操作。构件的用户不需要了解构件实现的细节。

1. OOA 过程

复用技术支持的 OOA 过程可以按两种策略进行组织。一种策略是基本保持某种 OOA 方法所建议的 OOA 过程的原貌,在此基础上对其中的各个活动引入复用技术的支持,另一种策略是重新组织 OOA 过程。第一种策略是在原有的 OOA 过程的基础上增加复用技术的支持,复用技术支持下的 OOA 过程应增加一个提交新构件的活动,即在一个具体应用系统的开发中,如果定义了一些有希望被其他系统复用的构件,则应该把它们提交到可复用构件库中。第二种策略的前提是在对一个系统进行面向对象的分析之前,已经用面向对象方法对该系统所属的领域进行过领域分析,得到一个用面向对象方法表示的领域构架和一批类构件,并且具有构件/构架库、类库及相应工具的支持,在这种条件下,重新考虑 OOA 过程中各个活动的内容及活动之间的关系,力求以组装的方式产生 OOA 模型,将使 OOA 过程更为合理。

2. 类库的构造

通常将面向对象的可复用构件库称为可复用类库(简称类库),因为这时所有的构件都是以类的形式出现的。可复用基类的建立取决于领域分析阶段对当前应用中的一般适用性的对象和类的标识。类库的组织方式采用类的继承层次结构,这种结构与现实问题空间的实体继承关系有某种自然、直接的对应。同时,类库的文档都是以超文本方式组织的,每个类的说明文档中都可以包含指向其他说明文档的关键词结点的链接指针。

3. 类库的检索

类库的组织方式直接决定对类库的检索方式,常用的类库检索方法是对类库中类的继承层次结构进行树形浏览以及进行基于类库文档的超文本检索。借助树形浏览工具,类库的用户可以从树的根部(继承层次的根类)出发;根据对于可复用基类的需求,逐层确定它所属的语法、语义的范畴,然后确定最合适的基类。借助类库的超文本文档,用户一方面可以在类库的继承层次结构中查阅各基类的属性、操作和其他特征,另一方面可按照基类之间的语义关联实现自由跳转。

对类库检索时并不要求待实现的类与类库中的基类完全相同或极其相似,只要待实现的类与基类之间存在某种自然的继承关系,或基类能够提供属性、操作供待实现的子类选用即可。这与其他可复用构件库的检索截然不同。

4. 类的合成

如果从类库中检索出来的基类能够完全满足新软件项目的需求,则它可以直接复用。否则必须以类库中的基类为父类,采用构造法或子类法派生出子类。面向对象的复用技术通常不允许用户修改库中的基类,如果对类库进行扩充或修改,应当调整类库的继承结构以把新的子类加入到适当的位置。

(1) 构造法 为了在子类中使用类库中基类的属性和操作,可以考虑在子类中引进基类的实例作为子类的实例变量。然后,在子类中通过实例变量来复用基类的属性和操作。构造法利用了面向对象方法的封装特性。

(2) 子类法 与构造法完全不同,子类法把新子类直接定义为类库中基类的子类。通过继承、修改基类的属性和操作来完成新子类的定义。子类法利用了面向对象方法的封装特性和继承特性。

1.7 面向对象的软件工程

面向对象技术是一个非常实用且强有力的软件开发方法,它的出发点是尽可能模拟人类习惯的思维方式,使开发软件的方式与过程尽可能接近人类认识世界解决问题的方法与过程。从某一角度来看,客观世界是由客观世界中的实体及其相互关系构成的,把客观世界中的实体抽象成问题空间的对象,于是得到了面向对象程序设计的方法。面向对象程序设计通过对象、对象间消息传递等语言机制,使软件开发者在空间中直接模拟问题空间中的对象及其行为,从而提供了一种直观的、自然的语言支持和方法学指导。面向对象设计的基本操纵单位为对象,即类的实例。对象间通过消息传递机制实现功能调用。使用封装、继承和多态等方法具体实现数据的安全操作、代码复用和方法重载。

1.7.1 基本概念

1. 范型

范型(Paradigm)又称为范例、风范或模式(Pattern),它与问题解决技术有关。范型定义了特定的问题和应用的开发过程中将要遵循的步骤,确定用于表示问题和它的解决方案的那些成分的类型。利用这些成分来表示与问题解决有关的抽象,从而直接得到问题的结构。因此,范型的选择影响整个软件开发生存期,它支配了设计方法、编程语言、测试和检验技术的选择。目前,流行的范型有过程性的、逻辑的、面向存取的、面向进程的、面向对象的、函数型的以及说明性的,每个范型都用不同的方式考虑问题,用不同的方法来解决问题,并产生不同种类的块、过程及产生规则。

过程性的范型是使用最广泛、历史最长的软件范型。它产生过程的抽象,这里抽象把软件视为处理流,并将它定义成由一系列步骤构成的算法。每一步骤都是带有预定输入和特定输出的一个过程,把这些步骤串联在一起可产生合理的、稳定的、贯通于整个程序的控制流,最终产生一个简单且具有静态结构的体系结构,如图 1-12 所示,系统结构基于要执行的任务,改变一个过程可能需要改变其他的过程。

图 1-12 过程性系统的基本构造

面向对象的范型是把标识并模型化问题论域中的主要实体作为系统开发的起点,主要考虑的是对象的行为而不是必须执行的一系列动作。面向对象系统中的对象都是数据抽象与过程抽象的综合,系统的状态保存在各个数据抽象的操作内。不像过程性范型把数据从一个过程传到另一个过程,而是把控制流从一个数据抽象通过消息传送到另一个数据抽象。面向对象的范型完成的系统体系结构更复杂但也更灵活,如图 1-13 所示,系统结构基于对象间的交互,改变一个对象通常只有局部影响。把控制流分离成块,这样可以把复杂的动作视为各个局部

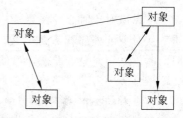

图 1-13 面向对象系统的基本构造

间的相互作用。

面向进程的范型是把一个问题分解成独立执行的模块，让多个程序同时运行。这些进程互相配合，解决问题。面向进程的范型产生的主要是进程，一个进程中的活动独立于其他进程的活动，但可以要求从其他进程得到信息，或为其他进程提供信息。甚至可以异步处理，仅需要进程暂停发送或接收信息。在面向对象的范型中，各个对象都是相对独立的，但也存在单线索（单线程）控制。面向进程的范型支持与面向对象的范型具有相同的封装，但它可提供多线索（多线程）执行。

在大型系统的开发中，可把大型问题分解成一组子问题，对于每个子问题都可以采用适当的软件范型。例如，设计一个智能数据分析系统时，可把它分解为四个子系统。系统的数据库界面可以用面向对象的方法进行设计，知识库可以用逻辑范型进行设计，而分析算法则是过程性的。系统通过一个用户界面来实用化，这个用户界面可用面向存取范型进行设计。这种用混合范型进行的设计需要有某种实现语言或一组协同语言的支持。许多流行的功能不断增强的语言支持多种设计范型，像 C++ 和并发 C 这样的语言都是多范型语言，它们都支持过程性范型和面向对象范型，并发 C 还支持面向进程范型。

2. 面向对象的定义

Coad 和 Yourdon 给出的定义为"面向对象＝对象＋类＋继承＋消息通信"，如果一个软件系统是用这样四个概念设计和实现的，就认为这个软件系统是面向对象的。一个面向对象的程序的每一成分都应是对象，计算是通过新的对象的建立和对象之间的消息通信来执行的。

3. 对象

对象是现实世界中存在的一个事物，它可以是物理上的，也可以是概念上的。对象是构成现实世界的一个独立的单位，它具有自己的静态特征（用数据描述）和动态特征（行为或具有的功能）。对象可以定义为系统中用来描述客观事物的一个实体，它是构成系统的基本单位，它由一组属性和一组对属性进行操作的服务组成。属性一般只能通过执行对象的操作来改变。操作又称为方法或服务，它在 C++ 中称为成员函数，它描述了对象执行的功能，若通过消息传递，它还可以为其他对象使用。消息是一个对象与另一个对象的通信单元，是要求某个对象执行类中定义的某个操作的规格说明。发送给一个对象的消息定义了一个操作名和一个参数表（可能是空的），并指定某一个对象。一个对象接受消息则调用消息中指定的操作，并将传递过来的实际参数与参数表中相应的形式参数结合起来。接收对象对消息进行处理，可能会改变对象中的状态，即改变接收对象的属性，并发送一个消息给自己或另一个对象。消息的传递大致相当于过程性的范型中的函数调用。

在标识对象时必须注意遵循"信息隐蔽"的原则，即将对象的属性隐藏在对象的内部，使得从对象的外部看不到对象的信息是如何定义的，只能通过该对象界面上的操作来使用这些信息。对象的状态通过给对象赋予具体的属性值而得到，它只能通过针对该对象的操作来改变。

对象有两个视图，分别表现在分析设计和实现方面。从分析及设计方面来看，对象表示一种概念，它把现实世界的有关实体模型化。从实现方面来看，对象表示在应用程序中出现的实体的实际数据结构。之所以有两个视图，是为了把说明与实现分离，分别对数据结构和相关操作的实现进行封装。

4. 类和实例

把具有相同特征和行为的对象结合在一起就形成了类(Class)。类是某些对象的模板，它抽象地描述了属于该类的全部对象的属性和操作，属于某个类的对象叫做该类的实例(Instance)。对象的状态则包含在它的实例变量，即实例的属性中。类定义了各个实例共有的结构，类的每个实例都可以使用类中所定义的操作。实例的当前状态是由实例所执行的操作定义的。

5. 继承

如果某几个类之间具有共性的部分(信息结构和行为)，将其抽取出来放在一个一般类中，而将各个类的特有部分放在特殊类中分别描述，则可建立起特殊类对一般类的继承(Inheritance)。各个特殊类都可以从一般类中继承共性，这样就避免了重复。

6. 多继承

如果一个类需要用到多个既存类的特征，则可以从多个类中继承，这称为多继承。

7. 多态性和动态绑定

一个对象发消息给另一个对象，执行某些行为或又发消息给另外的对象，从而执行系统的功能，发送消息的对象可能不知道另一个对象的类型是什么，这就是多态性。它意味着一个操作在不同类中可以有不同的实现方式。在一个面向对象的多态性语言中，可能代替一个特定类型的类型集合就是该类型的子类集合。

动态绑定把函数调用与目标代码块的连接延迟到运行时进行。这样，只有发送消息时才与接收消息实例的一个操作绑定，它与多态性结合使用可以使系统更灵活，更易于扩充。

1.7.2 面向对象软件的开发过程

面向对象软件的开发过程可用图 1-14 所示的应用生存期模型表示，图 1-14 中各个阶段的顺序都是线性的，但实际开发过程不是线性的，还没有办法用图来逼真地反映在面向对象开发过程中各个阶段之间的复杂交互。有一部分分析工作是在设计之前进行的，而有些分析工作是与其他部分的设计与实现并行进行的。

面向对象方法以类作为单元，并分别考虑类的生存期与应用生存期，类的生存期可包含在图 1-14 中的类开发阶段中，它可与应用生存期集成。软件构件应独立于当初开发它们的应用而存在，构件的开发针对某些局部的设计和实现，它们可用于当前问题的解决，但为了在以后的项目中使用，它们还应当具有通用性，在以后的应用开发中，可以调整这些独立构件以适应新问题的需要。因此，使得类成为一个可复用的单元，图 1-15 所示为类的生存期。类的生存期与应用生存期交叉，应用生存期的每个阶段都可做类的标识。类的生存期有自己的步骤，与任何特定应用的开发无关，按照这些步骤，可以完整地描述一个基本实体，而不仅仅考虑当前正在开发的系统。系统开发的各个阶段都可能标识新的类，随着各个新类的标识，类生存期引导开发工作循序渐进。

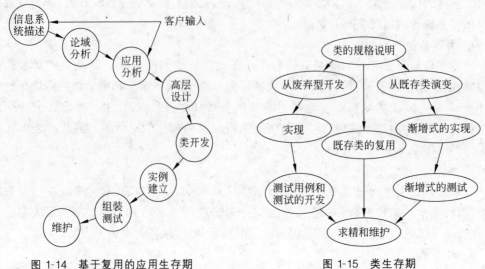

图 1-14　基于复用的应用生存期　　　　　　　　　图 1-15　类生存期

1.7.3　面向对象分析

面向对象分析(OOA)过程分为论域分析和应用分析,论域分析是基于特定应用领域的,它标识、分析、定义可复用于应用领域内多个项目的公共需求技术,它的目标是发现和创建一组应用广泛的类,这组类常常超出特定应用的范围,可以复用于其他系统的开发。论域分析过程的输入/输出如图 1-16 所示。

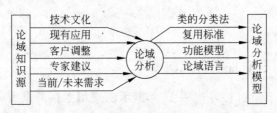

图 1-16　论域分析的输入/输出

应用分析的依据是论域分析时建立起来的论域分析模型,并把它用于当前正在建立的应用当中。客户对系统的需求可以当作限制来使用,用它们缩减论域的信息量。论域分析产生的模型不需要用任何基于计算机系统的程序设计语言来表示,应用分析阶段产生的影响则伴随着某种基于计算机系统的程序设计语言的表示。

为建立分析模型,要运用五个基本原则:建立信息域模型;描述功能;表达行为;划分功能、数据、行为模型,揭示更多的细节;用早期的模型描述问题的实质,用后期的模型构造实现的细节。这些原则构成了 OOA 的基础。

OOA 的目的是定义所有与待解决问题相关的类,为此,OOA 需完成的任务如下。

(1) 软件工程师和用户充分沟通,了解用户基本的需求。

(2) 标识类。

(3) 定义类的层次。

(4) 表达对象与对象之间的关系(即对象的连接)。

(5) 模型化对象的行为。

(6) 反复做任务(1)～(5),直到模型建成。

1.7.4 面向对象设计

从 OOA 到 OOD(面向对象设计)是一个逐渐扩充模型的过程,其分析处理以问题为中心,可以不考虑任何与特定计算机系统有关的问题,而 OOD 则把人们带进了面向计算机系统的"实地"开发活动中去。通常,OOD 分为两个阶段,即高层设计和低层设计。高层设计建立应用的体系结构,低层设计集中于类的详细设计。

高层设计阶段标识在计算机环境中解决问题所需要的概念,并增加了一批需要的类,这些类包括可使应用软件与系统的外部世界交互的类。此阶段的输出是适合应用软件要求的类、类间的关系、应用的子系统视图规格说明,利用 OOD 得到的系统框架如图 1-17 所示。

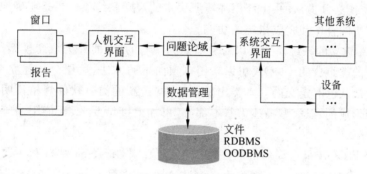

图 1-17　OOD 导出的体系结构

客户—服务器模型是一个典型的高层设计模型,它构造应用软件的总体模型,这个模型导出的体系结构既可在过程性系统中使用,又可在面向对象的系统中使用。客户—服务器模型的思想是让系统的一个部分(服务器子系统)提供一组服务给系统的另一个部分(客户子系统)。请求服务的对象都归于客户子系统,而接受请求提供服务的部分就是服务器。

在 Smalltalk 中使用的软件体系结构是模型/视图/控制器(Model/View/Controller, MVC),如图 1-18 所示,在这个结构中,模型是软件中应用论域的各种对象,它们的操作独立于用户界面;视图则管理用户界面的输出;控制器处理软件的输入。输入事件给出要发送给模型的消息。一旦模型改变了它的状态,就立即通过关联机制通知视图,让视图刷新显示。这个关联机制定义了模型与各个视图之间的关系,它允许模型运行独立于与它相关联的视图中。控制器在输入事件发生时将对视图及模型进行控制与调度。

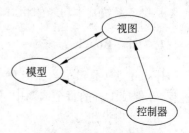

应用分析过程包括了对问题论域所需的类的模型化,在最终实现应用时不仅有这些类,还需要追加一些

图 1-18　MVC 框架结构

类,在类设计的过程中应当做这些工作。

许多类的设计都是基于既存类的复用,利用既存类来设计类有四种方式,即选择、分解、配置和演变。通过复用来设计类是面向对象技术的一个重要的优点。

类的设计描述包括协议描述及实现描述两部分,协议描述定义每个类都可以接收的消息,建立一个类的界面。实现描述说明每个操作的实现细节,这些操作应包含在类的消息中。实现描述必须包含充足的消息,以提供对协议描述中所描述的所有消息的适当处理。接受一个类所提供服务的用户必须熟悉执行服务的协议,即定义"什么"被描述。而服务的提供者(对象类本身)必须关心服务如何提供给用户,即实现细节的封装问题。

1.7.5 Coad 与 Yourdon 方法

该方法是在信息模型化技术、面向对象程序设计语言及知识库系统的基础上发展起来的,它分为 OOA 和 OOD 两个部分。

OOA 有两个任务,一是形式地说明所面临的应用问题,最终成为软件系统基本构成的对象,和系统所必须遵从的、由应用环境所决定的规则和约束。二是明确地规定构成系统的对象如何协同合作和完成指定的功能。

通过 OOA 建立的系统模型是以对象概念为中心的,因而称为概念模型,这样的模型是由一组相关的类组成的。OOA 可以采用自顶向下的方法,逐层分解建立系统模型,也可以自底向上地从已有定义的基本类出发,逐步构造新的类。软件规格说明就是基于这样的概念模型形成的,以模型描述为基本部分,再加上接口要求、性能限制等其他方面的要求说明。

构造和评审 OOA 概念模型的顺序由类与对象、属性、服务、结构和主题五个层次组成,这五个层次反映了问题的不同侧面,每个层次的工作都为系统的规格说明增加了一个组成部分。当五个层次的工作全部完成时,OOA 的任务也就完成了。

在设计阶段中,上述五个层次用于建立系统的四个组成部分,这四个组成部分分别是问题论域、用户界面、任务管理和数据管理。图 1-17 所示为这四个部分及其相互之间的关系,这些组成部分把实现技术隐藏起来,使之与系统的基本问题论域行为分离开来。在 OOA 中,实际上只涉及问题论域部分,其他三部分是在 OOD 中加进来的。由于问题论域部分包括与应用问题直接有关的所有类和对象,并且识别和定义这些类和对象的工作在 OOA 中已经开始,所以在 OOD 中只是对它们做进一步地细化。在其他三个部分中,要识别和定义新类和对象,这些类和对象形成问题论域部分与用户、与外部系统和专用设备、以及与磁盘文件和数据库管理系统的界面。Coad 与 Yourdon 强调这三部分的作用主要是保证系统基本功能的相对独立,以加强软件的可复用性。

1.7.6 Booch 方法

Booch 方法是最早的面向对象的方法之一,Booch 认为软件开发是一个螺旋上升的过程,在螺旋上升的每个周期中,都有以下四个步骤。

(1) 发现类和对象。

(2) 确定它们的含义。

（3）找出它们之间的关系。

（4）说明每个类和对象的界面和实现。

图 1-19 所示为 Booch 的面向对象的开发模型，这个模型分为逻辑设计和物理设计两个部分。逻辑设计部分着重于类和对象的定义，包括类图和对象图两个文件。物理设计部分是对软件系统结构的设计，也包括两个文件：模块图和进程图。

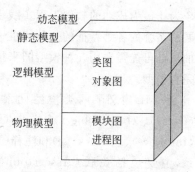

图 1-19　Booch 软件开发模型

Booch 还区分静态模型和动态模型。静态模型侧重于系统的构成和结构，动态模型侧重于系统在执行过程中的行为。除上面提到的几个基本文件之外，Booch 方法还包括状态迁移图和时序图，这两个文件主要用于描述系统的动态行为。

在 Booch 方法中，用于说明系统要求的表示方法和手段非常丰富，也相当灵活。Booch 方法基本模型中的类图用于表示类的存在以及类与类之间的相互关系，它是从系统构成的角度来描述正在开发的系统的；对象图用于表示对象的存在以及它们的相互关系；状态迁移图用来说明每一类的状态空间、触发状态迁移的事件以及在状态迁移时所执行的操作；交互作用图用于追踪系统执行过程中的一个可能的场景，即几个对象在共同完成某一系统功能时所表现出来的交互关系；模块图用于说明如何将类和对象分配到不同的软件模块中；过程图则说明如何将可同时执行的进程分配到不同的处理机上。

1.7.7　对象模型化技术

Rumbaugh 等人提出的对象模型化技术（Object Modeling Technique，OMT）把分析时收集的信息构造在三类模型中，它们分别是对象模型、功能模型和动态模型。图 1-20 所示为这三类模型的建立次序，它是一个迭代过程，每次迭代都对这三个模型做进一步地检验、细化和充实。

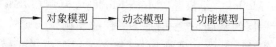

图 1-20　对象模型、功能模型和动态模型的建立次序

对象模型是最关键的模型，其作用是描述系统的静态结构，包括构成系统的类和对象、它们的属性和操作以及它们之间的关系；动态模型着重于系统的控制逻辑，包括状态图和事件追踪图；功能模型则着重于系统内部数据的传送和处理。概括地说，对象模型定义"对谁做"，动态模型定义"何时做"，功能模型则定义"做什么"。

1.7.8　统一建模语言 UML

1. 概述

UML 是 Unified Modeling Language 的缩写，它是一种用于描述、可视化和构造软件系统以及商业建模和其他非软件系统的标准语言。在大型、复杂系统的建模领域，它是迄今为止最为成功的软件工程实践建模语言。UML为人们提供了从不同的角度去观察和展示系统的各种特征的一种标准表达方式。在UML中，从任何一个角度对系统所作的抽象都可能需要用几种模型图来描述，而这些来自不同角度的模型图最终组成了系统的完整模型。

UML定义了两类模型元素，一类模型元素用于表示模型中的各个概念，如类（Class）、对象（Object）、构件（Component）、用例（Use Case）、结点（Node）、接口（Interface）、包（Package）和注释（Note）等；另一类用于表示模型元素之间相互连接的关系，主要包括关联（Association）、泛化（Generalization）、依赖（Dependency）和聚集（Aggregation）等。图1-21所示为部分UML模型元素的图形符号。

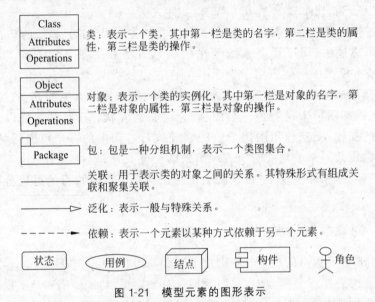

Class / Attributes / Operations	类：表示一个类，其中第一栏是类的名字，第二栏是类的属性，第三栏是类的操作。
Object / Attributes / Operations	对象：表示一个类的实例化，其中第一栏是对象的名字，第二栏是对象的属性，第三栏是对象的操作。
Package	包：包是一种分组机制，表示一个类图集合。
——	关联：用于表示类的对象之间的关系。其特殊形式有组成关联和聚集关联。
——▷	泛化：表示一般与特殊关系。
----▶	依赖：表示一个元素以某种方式依赖于另一个元素。

状态   用例   结点   构件   角色

图 1-21　模型元素的图形表示

按照UML的语义，UML可定义为四个抽象层次，如图1-22所示。从低到高分别是元元模型（Meta-Meta Model）、元模型（Meta Model）、模型（Model）和用户模型（User Model）。下一层是上一层的基础，上一层是下一层的实例。

元元模型层是一个元模型的基础结构，它定义了用于描述元模型的语言。在UML的元元模型中，定义了"元对象类"（Meta Class）、"元属性"（Meta Attribute）、"元操作"（Meta Operation）等概念。图1-23所示就是一个"元对象类"的元元模型，其中的概念"事物"可以代表任何可定义的东西。

用户模型
模型
元模型
元元模型

事物

图 1-22　UML 的模型结构　　　　　　　　　图 1-23　元元模型示例

元模型层定义了用于详细说明模型的语言,组成了 UML 的基本元素,它包括面向对象和构件的概念。元模型是元元模型的一个实例,如类(Class)、属性(Attribute)、操作(Operation)和构件(Component)等,它们都是元模型层的元对象,其中类是"元对象类"的实例;属性是"元属性"的实例;而操作和构件则是"元操作"的实例。图 1-24 所示是一个元模型的示例,其中的"类"、"对象"、"关联"和"链接"等概念都是元元模型中"事物"概念的实例。

模型层可以看做是元模型层的一个实例,它定义了描述一个信息领域的语言,组成了UML 的模型。模型是对现实世界的抽象,无论是问题域或是解决方案,都可以抽象成模型。图 1-25 所示是一个学生管理系统的部分模型。

用户模型层是系统用户层,它是模型所描述的实体或表达一个模型的特定情况。例如,图 1-26 表示的是图 1-25 模型的一个实例。其中,"计算机 1 班"和"计算机 2 班"是"计算机系"的成员,"计算机 1 班"对象和"计算机 2 班"对象分别与"计算机系"对象有"成员"链接,一个班级只能属于一个系,而一个系可以有多个成员(本例中每个系都有两个班级)。

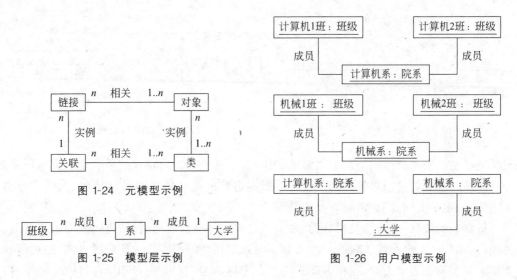

图 1-24　元模型示例

图 1-25　模型层示例

图 1-26　用户模型示例

用户模型是模型的一个实例,它用于详细说明一个信息领域。例如在图 1-26 中的"计算机 1 班"、"计算机 2 班"、"机械 1 班"和"机械 2 班"是"班级"对象类的实例对象,"计算机系"对象和"机械系"对象是"系"对象类的实例对象,它们的名字带有下划线,"成员"关联是元关联"关联"的实例。

2. UML 模型

UML 包括十种图和五种视图。这十种图分别为用例图、类图、对象图、包图、构件图、活动图、状态图、顺序图、合作图和配置图,五种视图分别为用例视图、逻辑视图、并发视图、构件视图和部署视图。

(1)用例图　在 UML 中,用例图用来描述用例视图,用例视图是由角色、用例、关联和系统边界组成的。系统边界用矩形框表示,框内为系统的功能,框外是与本系统相关的

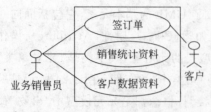

图 1-27　销售业务系统的用例视图

其他系统。图 1-27 为某公司销售业务系统的用例视图。

在创建用例图并获取用例模型时,关键问题在于执行者和用例的获取。其中获取执行者时要考虑谁是系统的主要使用者以及系统需要与其他哪些系统交互等问题;获取用例时要考虑执行者要求系统提供哪些功能,执行者需要读、产生、删除、修改或存储系统中的信息有哪些类型以及怎样把这些事件表示成用例中的功能等问题。

用例图着重于从系统外部执行者的角度来描述系统需要提供哪些功能,并且指明了这些功能的执行者是谁。用例图在 UML 方法中占有十分重要的地位,它是由客户和开发者共同协商而确定的系统基本功能。

(2) 类图和对象图　在 UML 中,类和对象模型分别由类图(class diagram)和对象图(object diagram)表示。类和对象都可表示为一个划分成三格的长方形(下面两个格子可省略),图 1-28 所示为类图,图 1-29 所示为对象图。

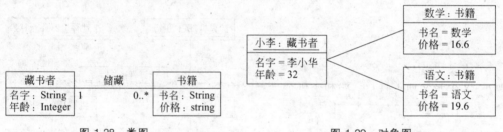

图 1-28　类图　　　　　　　　　　　　图 1-29　对象图

关联主要用来连接模型元素及链接实例,表示两个类之间存在的某种语义上的联系,即与该关联连接的类的对象之间的链接。根据链接的类对象间的具体情况,关联可分为普通关联、递归关联、多重关联以及或关联。

最常见的关联(即普通关联)可在两个类之间用一条直线连接,在直线上写上关联名。关联可以有方向,表示该关联的使用方向。可以用线旁的小实心三角表示方向,也可以在关联上加上箭头表示方向,这种方向在 UML 中称为航向(Navigability)。只在一个方向上存在航向表示的关联,称为单向关联,在两个方向上都有航向表示的关联,称为双向关联。

在关联的两端可写上一个被称为重数(Multiplicity)的数值范围,表示该类有多少个对象可与对方的一个对象连接。重数的符号表示有以下形式。

0..1:表示 0 或 1。

0..*:表示 0 或多,可以简化表示为 *。

1:表示 1 个对象,重数的默认值为 1。

1..*:表示 1 或多。

2..4:表示 2～4。

图 1-28 表示一个藏书者可以储藏 0 或多本书,而一本书只能属于一个藏书者。

· 42 ·

UML 中允许一个类与自身关联,这种关联称为递归关联。例如在一个大学中,一个校长管理多名教师,而校长和教师都是大学的教工,都属于教工类。这样就形成了"教工类"到"教工类"的递归关联,图 1-30 表示了这种关联。关联的两端标的都是角色名,表示类在这个关联中所扮演的角色。

多重关联是指两个以上的类之间互相关联。例如,教师指导学生完成论文,可用图 1-31 表示,图 1-31 中省略了重数和角色名。

图 1-30　递归关联示例　　　　　　　图 1-31　三重关联示例

在两个关联之间加上虚线,上面标以{or}来描述,这称为或关联。如图 1-32 所示,教师可以购买多台计算机,大学也可以购买多台计算机,但教师和大学不能购买同一台计算机,即一台计算机只能归属于教师或大学中的一个。

泛化用于描述类与类之间一般与特殊的关系。具有共同特性的元素可抽象成一般类,并通过增加其内涵,进一步抽象成特殊类。泛化也可以理解为是两个同类的可泛化元素之间的直接关系。

在 UML 中,泛化表示为一端带空心三角形的连线,空心三角形紧挨着父类。如图 1-33 所示,父类是交通工具,车、船和飞机都是它的子类;类的继承关系可以是多层的,例如车是交通工具的子类,同时又是卡车、轿车和客车的父类。

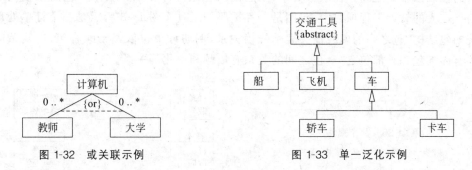

图 1-32　或关联示例　　　　　　　图 1-33　单一泛化示例

没有具体对象的类称为抽象类,它可用于描述它的子类的公共属性和操作。图 1-33 中的交通工具就是一个抽象类,一般用一个附加标签值{abstract}来表示。

多重泛化即多重继承,指的是子类的子类可以同时继承多个上一级的子类,也就是说,子类的子类可以有多个父类。在图 1-34 中,"水陆两栖"类就是通过多重继承得到的,允许多重继承的父类(动物)被"水陆两栖"类继承了两次。

依赖关系描述的是两个模型元素(如类、用例等)之间的语义上的连接关系,依赖关系表示为带箭头的虚线,箭头指向独立的类,箭头旁边都可以带一个标签,用来具体说明依赖的种类。图 1-35 所示的是一个友元依赖(Friend Dependency)关系,它能使其他类中的操作可以存取该类中的私有或保护属性。

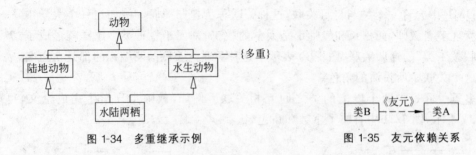

图 1-34　多重继承示例　　　　　　　　　　图 1-35　友元依赖关系

聚集是一种特殊形式的关联。聚集表示类之间的关系是整体与部分的关系。一辆轿车包含四个车轮、一个方向盘、一个发动机和一个底盘,这是聚集的一个例子。在需求分析中,"包含"、"组成"、"分为……部分"等经常设计成聚集关系。除了一般的聚集外,还有两种特殊聚集:共享聚集和组合聚集。在 UML 中,共享聚集表示为空心菱形,组合聚合表示为实心菱形。

共享聚集(Shared Aggregation)的特征是,它的"部分"对象可以是多个任意"整体"对象的一部分。例如,课题组包含许多人,但是每个人又都可以是另一个课题组的成员,即部分可以参加多个整体,图 1-36 表示课题组类和个人类间的共享聚集。

在组合(Composition)聚集中,整体拥有各部分,部分可以与整体共存。如果整体不存在了,部分也会随之消失。例如,一个目录之下有三个文件,一旦目录消失,则三个文件同时消失。"整体"的重数必须是 0 或 1,而"部分"的重数可以是任意的,如图 1-37 所示。

包是类的集合,包图所显示的是类的包以及这些包之间的依赖关系。因此,如果两个包中的任意两个类之间存在依赖关系,则这两个包之间存在依赖关系。包的依赖是不传递的。在大的软件工程项目中,包图是一种重要的工具。图 1-38 所示是一个订单处理子系统的包结构,包之间的虚线箭头表示依赖关系,例如订单包依赖于顾客包,更复杂的包图还有内部包和外部包之分,包之间的关系有依赖和泛化等关系。

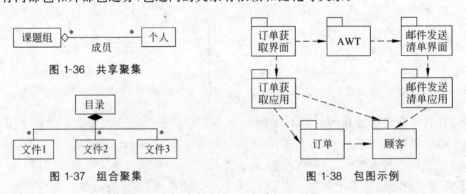

图 1-36　共享聚集

图 1-37　组合聚集　　　　　　　　图 1-38　包图示例

(3) 交互图　交互图包括顺序图和合作图,它用来表示一个用例中对象之间的相互作用的关系。顺序图描述了对象之间动态的交互关系,着重体现对象间消息传递的时间顺序。顺序图的垂直方向代表时间,水平方向代表参与相互作用的对象。每个对象都带有一条垂直线,该线称作对象的生命线,它代表时间轴,时间沿垂直线向下延伸。消息用从一条垂直的对象生命线指向另一个对象的生命线的水平箭头来表示。图 1-39 中还可以根据需要增加其他的说明和注释。例如,图 1-39 描述了一个打印机工作的顺序图,其中每一列都表示参与交互的一个对象,打印系统首先由用户触发打印功能,计算机对象处理该打印请求,由打印驱动程序根据当前打印机的任务情况调用打印机,如果打印机空闲,则马上打印文件,如果打印机忙,则把文件放入打印队列等待进一步的处理。

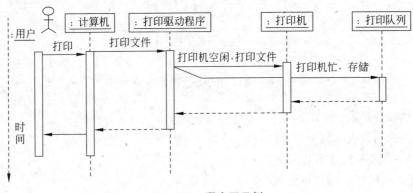

图 1-39　顺序图示例

合作图也称为协作图,它用来描述系统中对象之间的协作关系。合作图不把时间表示为单独的维,因此消息执行的顺序由消息的编号来表明。例如,图 1-40 描述了一个打印机工作的合作图。

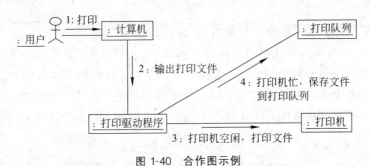

图 1-40　合作图示例

如果要描述在一个用例中的几个对象协同工作的行为,交互图是一种有力的工具。但是如果想要描述跨越多个用例的单个对象的行为,则应当使用状态图;而如果想要描述跨越多个用例或多个线程的多个对象的复杂行为,则需考虑使用活动图。

(4)行为图　行为图包括状态图和活动图两种。

状态图表示了一个类的生命历史,它表明了引起从一个状态到另一个状态的转变的事件和由一个状态的改变而引发的动作。

状态图有起始状态、中间状态和终止状态。一个状态图只可以有一个初始状态,而可以有多个终止状态。图 1-41 是电梯的状态图。图 1-41 中电梯从底楼开始移动,除底楼外,它能上下移动。如果电梯在某一层上处于空闲状态,当上楼或者下楼事件发生时,电梯就会向上或者向下移动;而当超时事件发生时,电梯就会返回底楼。

活动图由一些活动组成,同时包括了对这些活动的说明。当一个活动执行完毕之后,控制将沿着控制转移箭头转向下一个活动。活动图中还可以方便地描述控制转移的条件

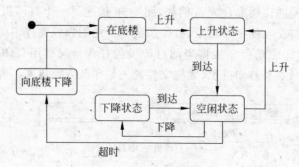

图 1-41 电梯状态图示例

以及并行执行等要求。

活动图的图符表示如下。

●：实心圆表示活动图的起点。

⊙：带边框的实心圆表示终点。

☐：圆角矩形表示执行的过程或活动。

◇：菱形表示判定点。

——▶：箭头表示活动之间的转换，各种活动之间的流动次序。

［条件］：箭头上的文字表示继续转换所必须满足的条件，总是使用格式"［条件］"来描述。

——：粗线条表示可能会并行进行的过程的开始和结束。

例如，图 1-42 为某人找饮料的活动图。首先，他去找饮料，如果找到茶叶，加水到茶壶中，同时可能有并行进行的活动——把茶叶放入杯中；然后把茶壶放到炉上，并点燃火炉（把茶壶放到炉上和点燃火炉这两个活动也可能并行进行）；当水烧开之后，将水倒入杯中（把茶叶放入杯中和将水倒入杯中这两个活动有可能在此时并行进行）；最后喝饮料，活

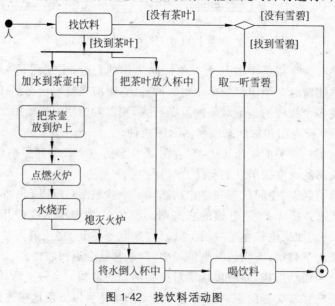

图 1-42 找饮料活动图

动结束。如果在开始时,没有找到茶叶,则进行判定,如果找到雪碧,就取一听雪碧,喝饮料,活动结束。而在判定时,如果连雪碧也没有找到,则找饮料的活动就直接结束。

(5) 实现图　实现图包括构件图和配置图。

构件图表明了构件之间的依赖关系,当修改某个构件时,利用构件图便于人们分析和发现可能对哪些构件产生影响,以便对它们做相应的修改或更新。例如,图 1-43 表示的是用面向对象语言编写程序,并把相应的图形和结果显示在窗口中的构件图。从图 1-43 中可以看出,客户程序依赖于图形库、窗口处理器和主类。

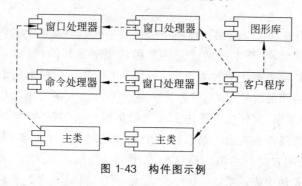

图 1-43　构件图示例

配置图描述系统中硬件和软件的物理配置情况和系统体系结构。配置图含有用通信链相连的结点实例。结点实例包括运行时的实例,如构件实例和对象等。构件实例和对象还可以包含对象。配置图有实例形式和描述符形式两种。实例形式是配置图的常见形式,它表明作为系统结构的一部分的具体结点上的具体构件实例的位置。描述符形式说明哪种构件可以存在于哪种结点上,哪些结点可以被连接。在配置图中,用结点(立方体)表示实际的物理对象,根据它们之间的连接关系,将相应的结点连接起来,并说明其连接方式。在结点里面,说明分配给该结点上运行的可执行构件或对象,从而说明哪些软件单元被分配在哪些结点上运行。例如,图 1-44 表示的是学生的个人电脑与校园网相连时的配置图。其中,立方体分别表示学生的个人电脑、学校的服务器和数据库服务器。从图 1-44 中可以看出,学生的个人电脑与学校的 02 号服务器相连,又通过 02 号服务器与学校的 VAX 数据库服务器相连。学生的个人电脑通过 TCP/IP 协议相连,而 02 号服务器与 VAX 数据库服务器通过 DecNet 协议相连。

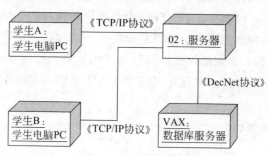

图 1-44　配置图示例

3. UML 的扩展机制

UML 的扩展机制是 UML 的一个亮点，UML 提供了几种扩展机制，通过这几种扩展机制，UML 允许用户在不改变基本建模语言的情况下做一些通用的扩展。在 UML 中，这些扩展机制预先被设计好，即使用户不太理解它们全部的语义，也可以方便的使用。这些扩展机制并不能满足用户的全部要求，但是对用户而言，使用这些扩展机制，仍然可以以一种易于实现的简单方式实现对 UML 的量身定做。

UML 的扩展机制包括约束（Constraint）、标签值（Tagged Value）和构造型（Stereotype）。

（1）约束　约束通常可以附加在任何一个或者一列模型元素上。约束用大括弧{}内的字符串表达式来表示，字符串表达式是用某种约束语言写的代码体。UML 建模工具一般都提供一种或几种形式化的约束语言，例如，OCL 就是一种常用的描述约束的预定义语言。对于简单的图形符号（如类或者关联路径等），约束字符串可以标在图形符号边上，如果图形符号有名字，就标在名字边上。如果是两个图形符号（如两个类或两个关联等），绘图时约束用虚线箭头表示。箭头从一个元素连向另一个元素，并带有约束字符串（在大括号内），箭头的方向与约束的信息相关，图 1-45 所示的就是一个二元约束表示法。

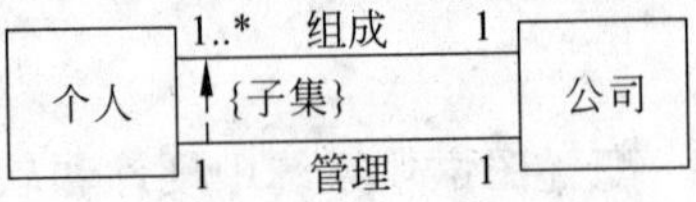

对于三个或更多的图形符号，约束用注释符号表示，并用虚线与各个图形符号相连。

图 1-45　二元约束表示法

OCL 的语法和 C++ 或 Java 之类的面向对象的语言类似，都可以用于编写查询语句和布尔表达式，还可用于构建约束表达、监护条件、前置条件、后置条件、断言以及其他 UML 表达式。

（2）标签值　标签值由一个标记字符串和一个值字符串构成。标记字符串和值字符串附在一个元素上，是具有一定信息的标签值对。标记字符串是建模者想要记录的特定的名字，而值字符串是给定元素的特定的值。例如，标记字符串可以是 teacher，而值字符串是对元素负责的教师的名字，如 Dennes David。任意一个元素都可以有多个标签值，也都可以没有标签值。在 UML 中，标签不是固定的，它可以携带任何对建模者或工具有意义的信息。标签值可以用来存储元素的各种信息，这对存储项目管理信息尤其有用，如存储元素的创建日期、开发状态、截止日期和测试状态等。可以利用标签进行索引或查询以提高操作效率。标签值可以把独立于实现的附加信息与模型的元素联系起来。例如，代码生成器需要有关代码种类的附加信息以从模型中生成代码。通常，有几种方式可以用来正确地实现模型，建模者必须提供做出何种选择的指导。有些标记可以用做标志告诉代码生成器使用哪种实现方式。其他标记可为加入工具使用，如项目计划生成器和报表书写器等。

标签值以如下方式显示。

```
tag=value
```

其中，tag 是标签的名称，value 是一个值。标签值可以和其他属性的关键字一起被包含在一个由括弧包含，逗号分割的属性列表中，例如：

{author=Songyu, status=finished}

标签值可以把各种信息附加在模型上,如图 1-33 所示,{abstract}就是一个标签值,它表示超类交通工具是一个抽象类。但它并不是一种完整的元模型扩展机制。标签值必须采用某些约定来避免冲突。标签没有提供声明值的类型的方法,它只是类似元模型属性,但并不是元模型属性,也没有像元模型元素一样被规范化。

(3)构造型　构造型是 UML 内在的可扩充机制之一。构造型是在一个已定义的模型元素的基础上构造的一种新的模型元素,构造型通过重新裁制一种建模语言,可以使建模者完成某种特定的应用领域的建模。构造型的信息内容和形式(如属性或者联系等)与已存在的基本模型元素相同,但是含义和使用不同。

每个构造型都是从一个基本模型元素类继承而来的,这样,每个带有构造型的元素都具有基本模型元素类的属性。构造型也可以从其他的构造型具体化得来。这时,构造型必须声明为可泛化元素,同时,子构造型具有父构造型的属性。最后,这些构造型是要建立在某个模型元素类的基础之上的。构造型可以有自己的标签,如果在一个构造型元素里没有显式说明,则可以使用默认值的标签。除了基本元素所具有的限制之外,对于构造型还会有一些额外的新的限制。构造型是一种虚拟的元模型类,它不是通过修改 UML 的预定义得到的,而是在元模型里直接增加而得到的。任何模型元素最多只能有一个构造型。因为构造型本身的多重继承在 UML 中是允许的,构造型可以是别的构造型的子类。如果一个元素具有多个构造型,建模者应该重新设计,使该元素只具有一个是其他构造型后代的构造型。

构造型可以用标签值来存储不被基本模型元素所支持的附加特性。构造型用双尖括号内的文字字符串表示,它可以放在表示基本模型元素的符号的里边或旁边。建模者也可以为特殊的构造型创建一个符号,这个符号替代了原来的基本模型元素的符号。

构造型的使用方法:一般用符号来代表基本元素,而在元素名称(如果存在的话)上面放一个关键字字符串。关键字字符串是构造型的名称,它通常放在被描述的元素的名称的上面或者前面。关键字字符串也可以用做列表里的一个元素。在这种情况下,它应用到列表里后面的元素直到别的字符串代替它,或者一个空的构造型字符串清空它为止。

为允许 UML 表示法的有限的图形扩充,可以为构造型关联一个图标或者图形标记,图标有两种使用方式。一种方式,它可以在构造型所基于的基本模型元素的符号里代替或者补充构造型关键字字符串。例如,在一个类矩形里,它被放在名称部分的右上角,在这种形式下,条目的普通内容可以在它的符号里看到。另一种方式,将整个模型元素符号压缩为一个图标,图标里有元素的名称,或者把元素的名称放在图标的上面或下面,包含在基本模型元素符号里的其他信息被省略。如图 1-46 所示为第二种方式的表示法的例子。

约束、标签和构造型使得用户可以自己裁制 UML 的轮廓,来完成特殊的应用。同时,这种裁制建模语言的能力意味着用户不仅可以使建模语言适应应用的需要,还能够共享在所有领域中的通用概念。但是,用户在使用 UML 扩展机制时,一定要记住扩展是违反 UML 的标准形式的,并且使用扩展会导致模型元素之间相互影响。因此,用户应该仔细权衡利弊,小心谨慎地使用扩展机制。

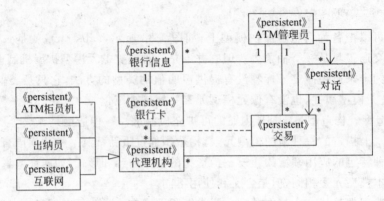

图 1-46　构造型表示法

4. UML 建模工具

自从 1997 年 11 月 UML 被 OMG 正式采纳为对象建模标准以后,大量商用的 UML 建模工具纷纷出台。这样在利用 UML 建模的过程中,用户有了便利的 CASE 工具,也意味着用户可以选择不同的建模工具。当前,主流的建模工具有 Sparx Systems 的 Enterprise Architect(EA)专业版、IBM Rational 的 Rational Rose 企业版以及 IBM 的 RUP(Rational Unified Process)系列产品、Sybase 推出的建模工具 PowerDesigner、中文 UML 建模工具 Trufun plato 等。选择什么样的建模工具取决于开发者的需求、开发项目是否有特定功能以及费用问题等。

1.8　软件维护

软件维护是软件生命周期中消耗时间最长、最费精力、费用最高的一个阶段。如何提高软件的可维护性、减少维护的工作量和费用是软件工程的一个重要任务。

1.8.1　软件维护的概念

在软件系统交付使用后改变系统的任何工作都被认为是维护,它们都会使软件系统发生变化。

一般说来,一个系统越需要依赖于真实世界,就越可能发生变化。根据变化的不同,可将现实世界的系统分为 S-系统、P-系统以及 E-系统三类。如图 1-47 所示,S-系统解决的问题与真实世界有关,而真实世界又屈从于变化。这样的系统是静态的(static),不容易包容问题中产生的变化。P-系统是基于问题(problem)的一个可行的抽象,如图 1-48 所示,P-系统比 S-系统更加动态。解决方案产生的信息与问题进行比较,如果信息的某方面不合适,则要改动问题抽象,并修改需求,从而尽力使产生的解决方案更加接近实际情况。E-系统是一个嵌入

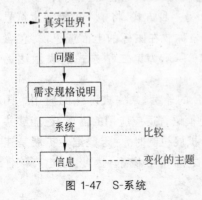

图 1-47　S-系统

(embedded)在真实世界中的系统,当真实世界发生变化时,它也随之改变。解决方案是基于涉及的抽象过程的一个模型。因此,该系统是它建模的世界的一个组成部分。图1-49说明了E-系统的变化性以及它与真实世界环境的相关性。

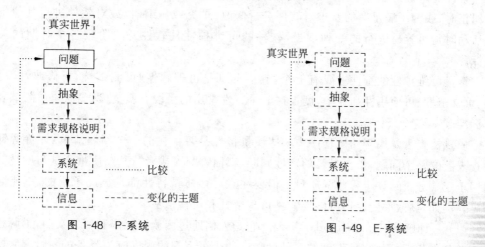

图 1-48 P-系统   图 1-49 E-系统

软件维护取决于系统的性质,S-系统几乎没有变动,P-系统有一些变化,而E-系统很可能持续地变动。因而很多软件工程的维护阶段也都可以看做是演化阶段(evolutionary phase)。

典型的开发项目耗时1~2年,而维护时间需要5~6年。据统计,软件工程中平均39%的工作量花在开发上,61%的工作量花在维护上,许多开发人员用80-20规则来计算:工作量的20%是开发,而80%是维护。

软件维护的最终目的是满足用户对已开发软件性能和运行环境不断提高的需要,进而延长软件的寿命。软件维护并不仅仅是修正错误,按维护性质不同,软件维护可分为改正性维护、适应性维护、完善性维护和预防性维护四类。

(1)改正性维护   由于软件测试的不彻底性,使得软件在交付使用后,仍然会有一些隐藏的错误被带到运行阶段,这些错误在某些特定的使用环境下会暴露出来,为了识别和纠正这些错误、改正软件性能上的缺陷、排除实施中的误使用,需要对软件做诊断和改正工作,这个过程就称为改正性维护,改正性维护约占总维护工作量的21%。

(2)适应性维护   由于硬件的更新和发展速度很快,新的操作系统或操作系统版本也在不断推出,为了使开发出的软件适应它们,需要对软件进行相应地修改,或者将应用软件移植到新的环境中运行也需要对软件进行修改,这些活动称为适应性维护,适应性维护约占整个维护工作量的25%。

(3)完善性维护   软件投入使用后,用户还要不断地提出功能或性能要求,为满足用户日益增长的需求,需对软件进行相应的修改,这种修改称为完善性维护,它是所有维护中工作量最大的,约占50%。

(4)预防性维护   预防性维护是指为了改进软件未来的可维护性或可靠性,或者为了给未来的改进奠定更好的基础而对软件进行的修改过程,这类维护的工作量约占整个维护工作的4%。

1.8.2 软件的可维护性

软件的可维护性(Software Maintainability)是指当对软件系统出现的故障和缺陷进行纠正时,或为了满足新的要求对软件进行修改、扩充或压缩时,或对软件进行其他维护性活动时是否容易进行的一种度量,软件的可维护性是软件开发阶段各个时期的关键目标。

衡量可维护性的特性主要有七个,它们分别是可理解性、可测试性、可修改性、可靠性、可移植性、可使用性和效率,度量这七个特性常用的手段有质量检查表、质量测试和质量标准。

质量检查表是用于测试程序中某些质量特性是否存在的一个问题清单,评价者针对检查表上的每个问题,依据自己的定性判断,都回答"是"或者"否"。质量测试与质量标准则用于定量分析和评价程序的质量。但要注意许多质量特性都是彼此矛盾的,不能同时满足。例如,高效率的获得可能要牺牲可理解性和可移植性。

(1) 可理解性(Understandability)　它是人们通过阅读源代码和相关文档,了解程序功能及其如何运行的容易程度的一种度量。一个可理解的程序应该具备的特性是:模块结构良好、功能完整而简明,代码风格及设计风格一致,不使用令人捉摸不定或含糊不清的代码,使用有意义的数据名和过程名,对输入数据进行完整性检查,等等。

对于可理解性,可以使用一种叫做"90-10 测试"的方法来衡量,即把一个被测试模块的源程序清单拿给一位熟练的程序员阅读 10 分钟,然后把源程序拿开,让这位程序员凭自己的理解和记忆将源程序写出来,如果这位程序员能写出程序的 90%,则认为这个程序具有可理解性,否则要重新编写。要评价整个程序的可理解性,只要用"90-10 测试"方法抽样测试少数有代表性的模块就可以了。

(2) 可测试性(Testability)　它是表示一个软件容易被测试的程度。一个可测试性高的程序应当是可理解的、可靠的和简单的,同时要求有齐全的测试文档。对于程序模块,可用程序复杂度来度量可测试性,当模块的环行复杂度 $V(G)$ 超过 10 时,程序的可测试性就会大大降低。

(3) 可修改性(Modifiability)　可修改性好的程序在修改时出错的概率很小。一个可修改性高的软件应当是可理解的、通用的、灵活的和简单的。其中,通用性是指软件适用于各种功能变化而无需修改,灵活性是指能够容易地对软件进行修改。

度量可修改性的定量方法是进行修改测试。该方法是通过做一些简单地修改来评价修改的难度,设 N 是程序中模块总数,n 是必须修改的模块数,Ci 是第 i 个模块的复杂性,Aj 是第 j 个必须修改的模块的复杂性,程序中各个模块的平均复杂性为:

$$C = \frac{\sum\limits_{i} C_i}{N}$$

必须修改的模块的平均复杂性为:

$$A = \frac{\sum\limits_{j} A_j}{n}$$

则修改的难度(即程序的可修改性)D 可表示为:

$$D = A/C$$

对于简单的修改,若 $D>1$,说明该程序修改困难,可修改性较低。若 $D<1$,则程序的可修改性较高。D 越小,程序的可修改性越高。A 和 C 都可用任何一种度量程序复杂性的方法进行计算。

(4)可靠性(Reliability) 它是一个程序按照用户的要求和设计目标,在给定的一段时间内正确执行的概率。度量可靠性的方法主要有两种,一是根据程序错误统计数字预测可靠性,二是根据程序复杂性预测可靠性。

(5)可移植性(Portability) 它是指一个软件系统是否可以容易地、有效地从一个环境中转移到另外一个环境中运行的度量。一个可移植性好的系统应具有良好、灵活的结构,并且不依赖于某一具体计算机或操作系统的性能。

(6)可使用性(Usability) 它指的是一个软件系统方便、实用和易于使用的程度。一个可使用性好的系统不但易于使用,而且允许用户出错和改变,并尽可能不使用户陷入混乱的状态。

(7)效率(Efficiency) 它是指一个程序能执行预定功能而又不浪费机器资源的程度。机器资源包括内存容量、外存容量、通道容量和执行时间。

1.8.3 提高可维护性的方法

如果在软件开发的各个阶段都注意软件的可维护性,那么当软件投入运行以后的维护工作量就会大大减少。

1. 提供完整和一致的文档

软件的文档化对提高软件的可维护性非常重要,图 1-50 所示为有文档和无文档时进

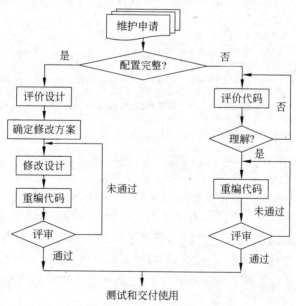

图 1-50 有文档和无文档时对软件进行维护的对比

行软件维护的对比,图 1-50 中左面是有文档的情况,右面是无文档的情况。有文档时,首先阅读和修改的是较易读懂的设计文档。如果只有源程序,而且程序内部也缺乏足够的注释,则不仅不易读懂,而且在诸如总体结构、内外接口、全程数据结构等涉及全局的问题上,常常会引起误解,使软件不可维护。

在软件维护阶段,利用历史文档可以大大简化维护工作,历史文档有系统开发日志、错误记载和系统维护日志三种。

2. 建立明确的软件质量目标和优先级

一个可维护性高的软件应是可理解的、可测试的、可修改的、可靠的、可移植的和可使用的,并且是效率高的。尽管可维护性要求每种质量特性都要得到满足,但它们的相对重要性应随程序的用途及计算环境的不同而不同。对软件的质量特性,在提出目标的同时还必须规定它们的优先级,这样有助于提高软件的质量。

3. 使用现代化的开发技术和工具

是否使用现代化的开发方法是影响软件可维护性的一个重要因素。在分析阶段,应确定开发时采用的各种标准和指导原则,提出软件质量保证的要求。在设计阶段,应坚持模块化和结构化原则,把模块的清晰性、独立性和易修改性放在第一位。在设计文档时,除采用标准的表达工具来描述算法、数据结构和接口外,尤其要说明各个子程序使用的全程变量、公用数据区等与外部的联系,并建立调用图、交叉引用表等文档,帮助维护人员了解修改一个子程序时会对哪些子程序产生影响。在编码阶段,要遵守单入口和单出口的原则,提倡简约的编码风格,编码中加注释,采用数据封装技术,用符号来表示常数使其参数化,等等。

4. 进行明确的质量保证审查

为了提高软件的可维护性,可以采用以下四种类型的软件审查。

(1) 在检查点(checkpoint)进行审查　在软件开发中的不同的检查点,审查的重点有所不同,如图 1-51 所示。

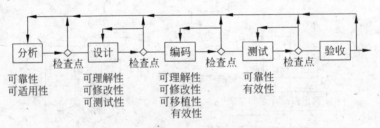

图 1-51　软件开发过程中的检查点

(2) 验收检查　从维护的角度提出验收的条件和标准。

(3) 周期性维护审查　维护审查的结果可以同以前维护审查的结果、以及以前的验收检查结果和检查点的审查结果相比较,任何一种改变都表明在软件质量上或其他类型的问题上可能起了变化。对于改变的原因应当进行分析。

(4) 对软件包进行检查　根据测试结果,检查和验证软件包的参数或控制结构,完成软件包的维护。

5. 选择可维护性好的程序设计语言

程序设计语言的选择,对程序的可维护性影响很大。一般来说,机器语言和汇编语言都很难维护,高级语言容易理解也容易维护,但不同的高级语言的可理解的难易程度是不一样的。从维护角度看,第四代语言比其他语言更容易维护。

6. 采用软件维护的新方法

(1) C/S结构的软件系统的维护 对这种结构的应用软件维护的方法是,将客户机和服务器上的两部分软件分开维护。客户机上的软件修改后,制作成自动安装的光盘,给用户自己安装,以替换原来的旧软件。服务器上的软件由维护人员直接在服务器上进行修改、测试、安装和运行。

(2) 客户机/应用服务器/数据库服务器结构的软件系统的维护 客户机上的软件维护只需在系统后台服务器上借助网络的运行即可完成,不需到用户现场去,这样使得软件的安装与升级变成了一个完全透明的过程,使用户能享受简单、方便、全面、及时地维护与升级服务。

(3) 基于三种软件开发方法的维护 软件开发和维护具有对应性,不同的开发方法应使用不同的维护方法,面向过程开发方法对应面向过程维护方法,面向数据开发方法对应面向数据的维护方法,面向对象开发方法对应面向对象维护方法。

(4) 基于"五个面向理论"的软件维护 对需求分析的维护,要采取面向业务流程的方法。对设计的维护,要采取面向数据的方法。对实现的维护,要采取面向对象的方法。对测试的维护,要采取面向功能的维护。对管理的维护,要采取面向过程管理的方法。

1.8.4 软件再工程

很多公司都有支持旧业务规则的软件系统,当管理者为了获得更高的效率和竞争力而修改业务规则时,软件也应该保持同步。

1. 业务过程再工程

一个业务过程再工程(Business Process Reengineering,BPR)包括六项活动:业务定义、过程识别、过程评估、过程规格说明和设计、原型开发以及求精和实例化。BPR 已超出了软件工程的范畴。和大多数工程活动一样,BPR 是迭代的。由于业务目标及达到目标的过程必须适应不断变化的业务环境,因而 BPR 是一个演化的过程,没有开始和结束。

2. 软件再工程过程模型

它是运用逆向工程和重构等技术,在充分理解原有软件的基础上,对软件进行分解、综合,并重新构建软件,以提高软件的可理解性、可维护性、可复用性和演化性,软件再工程也可以看做是预防性维护的任务。

图 1-52 所示的软件再工程过程包括六类活动,每个活动均可能被重复,对任意特定的循环,过程可以在任意一个活动之后终止。

信息库中保存了由软件公司维护的所有应用软件的基本信息,包括应用软件的设计、开发及维护方面的数据,在确定对一个软件实施再工程之前,首先要收集这些数据,然后

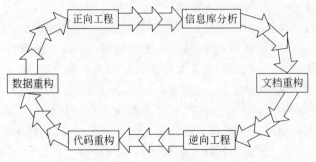

图 1-52　软件再工程过程模型

根据业务重要程度、寿命、当前维护情况等对应用软件进行分析。

文档重构非常耗费时间,因而如果系统能正常运行,则文档就可以保持现状。若必须更新,则只需对系统中正在改变的部分建立完整文档。但如果系统是业务关键的,就必须完全重构文档,但要设法将文档工作量减少到最小。

逆向工程是一个设计恢复过程,它通过分析现有的程序,从中抽取数据、体系结构和过程设计的信息。

代码重构是在保持系统完整的体系结构的基础上,对应用系统中难于理解、测试和维护的模块重新进行编码,同时更新文档。为了完成该活动,可使用重构工具分析源代码,要对生成的重构代码进行评审和测试以保证没有引入异常和错误。

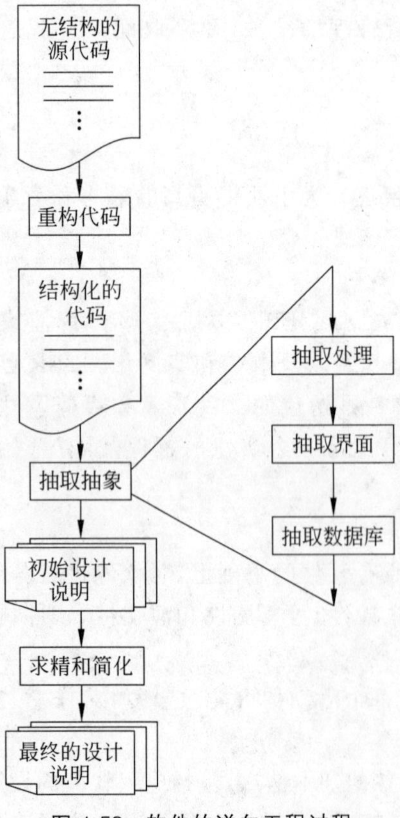

正向工程也称为革新或改造,它是从现存软件中恢复设计信息,并使用该信息去改变或重构现存系统,以改善软件的整体质量。在多数情况下,被再工程的软件重新实现现存系统的功能,并且加入新功能和改善整体性能。

3. 逆向工程

在逆向工程(Reverse Engineering)时,要考虑到能达到什么样的抽象层次、完备性、交互性以及方向性如何。

逆向工程最初面对的是无结构的源代码,经重构后使得它仅包含结构化程序设计的构成元素,这就便于人们阅读并为后续的逆向工程活动奠定了基础,逆向工程的核心活动是抽取抽象,其过程如图 1-53 所示。

数据的逆向工程发生在不同的抽象层次,并且通常是第一项逆向工程任务,之后进行处理的逆向工程以及用户界面的逆向工程。

4. 重构

软件重构(Restructuring)的目的是应用最新

图 1-53　软件的逆向工程过程

的设计和实现技术对老系统的源代码和数据进行修改,以达到提高可维护性、适应未来变化的目的。重构一般不会改变系统整体的体系结构,如果重构工作超出了模块的边界并涉及软件的体系结构,则重构就变成正向工程了。

5. 正向工程

正向工程(Forward Engineering)过程应用软件工程的原理、概念和方法来重建现有的应用。

(1) C/S体系结构的正向工程　从大型机到C/S计算模式的迁移需要同时进行业务再工程和软件再工程,还应该建立"企业网络基础设施"。针对C/S应用系统的再工程一般是从对业务环境(包括现有的大型机环境)的彻底分析开始的,可以确定三个抽象层(如图1-54所示)。数据库层是客户/服务器体系结构的基础,并且管理来自客户应用的事务和查询,而这些事务和查询必须被控制在一组业务规则的范围内。客户应用系统提供面向用户的目标功能;业务规则层表示同时驻留在客户端和服务器端的软件,该软件执行控制和协调任务,以保证在客户应用和数据库间的事务和查询符合已建立的业务过程;客户应用层实现特定的最终用户群所需要的业务功能。

图 1-54　将主机型应用再工程为客户/服务器结构

(2) OO体系结构的正向工程　首先,要将现有的软件进行逆向工程,以便建立适当的数据、功能和行为模型。如果实施再工程的系统扩展了原应用系统的功能或行为,则还要创建相应的用例。然后,联合使用在逆向工程中创建的数据模型与CRC建模技术,以奠定类定义的基础。最后,定义类层次、对象—关系模型、对象—行为模型以及子系统,并开始面向对象的设计。随着面向对象的正向工程从分析进展到设计,可启用CBSE过程模型。如果旧的应用系统所在的领域已经存在很多面向对象的应用,则很可能已经存在一个完善的构件库,可以在正向工程中使用它们。

(3) 用户界面的正向工程　从大型机到客户/服务器计算模式的变迁中,所有工作量中的很大一部分都花费在客户应用系统的用户界面的再工程中。用户界面再工程可分四步进行:理解原界面及其和应用系统的其余部分间交换的数据、将现有界面蕴涵的行为重新建模为在GUI环境内的一系列有意义的抽象、引入使交互模式更有效地改进、构造并集成新的GUI。

6. 再工程经济学

对现有应用系统实施再工程之前,应该对系统进行成本—效益分析。Sneed在1995年提出了再工程的成本—效益分析模型,其中定义了如下9个参数。

P_1——某应用系统的当前年度维护成本。

P_2——某应用系统的当前年度运作成本。

P_3——某应用系统的当前年度业务价值。

P_4——再工程后的预期年度维护成本。

P_5——再工程后的预期年度运作成本。

P_6——再工程后的预期年度业务价值。

P_7——估计的再工程成本。

P_8——估计的再工程日程。

P_9——再工程风险因子($P_9 = 1.0$ 为额定值)。

设 L 表示期望的系统寿命,则一个系统未执行再工程的持续维护相关的成本可以定义为:

$$C_{\text{maint}} = [P_3 - (P_1 + P_2)] \times L$$

与再工程相关的成本定义为:

$$C_{\text{reeng}} = [P_6 - (P_4 + P_5) \times (L - P_8) - (P_7 \times P_9)]$$

再工程的整体效益为:

$$B = C_{\text{reeng}} - C_{\text{maint}}$$

可以对所有在信息库分析中标识的高优先级应用系统都进行上述表示的成本—效益分析,那些显示最高成本—效益的应用系统可以作为再工程的对象,而其他应用系统的再工程可以推迟到有足够资源时进行。

1.9 软件管理

软件工程主要包括软件的生产和软件管理两大部分。软件管理是对软件项目的开发管理,它包括软件生命周期中的一切管理活动,概括地说,管理集中于三个 P 上,即人员(People)、问题(Problem)和过程(Process)。

1.9.1 软件过程、过程模型及其建造技术

软件过程是软件生存期中的一系列相关软件工程活动的集合,每个软件过程都由一组工作任务、项目里程碑、软件工程产品和交付物以及质量保证(Software Quality Assurance,SQA)点等组成。

软件工程过程模型的选择基于项目和应用的特点、采用的方法和工具、要求的控制和需交付的产品。L. B. S. Raccoon 使用了分级几何表示,在这种表示中,所有软件开发都可被看做一个问题循环解决的过程,如图 1-55 所示,其中状态捕获表示事物的当前状态,问题定义标识需要解决的特定问题,技术开发利用某些技术来解决问题,方案综合则导出最终的结果(文档、程序、数据、新的事务功能和新的产品等)。

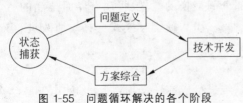

图 1-55　问题循环解决的各个阶段

分级几何方式可用来表示过程的理想化的视图。首先,定义一个分级几何表示的模式;然后,相继在更小的规模上递归地应用分级几何表示,即模式中嵌套模式,如图 1-56 所示,问题循环解决过程的每个阶段又都包含一个同样的问题循环解决过程,该循环中每个步骤中都还可以再包含另一个问题的循环解决过程。这样一直继续下去,直到达到某个合理的边界为止。对于软件来说,就是到达源代码行级。

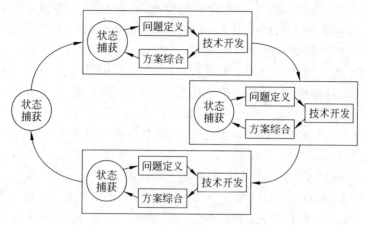

图 1-56   问题循环解决过程中的阶段嵌套阶段

为了使软件过程模型适于软件项目组的使用，需要开发一些过程技术工具，以帮助软件开发组织分析它们当前的过程、组织工作任务、控制和监控进度、管理技术质量。

使用过程技术工具可以建造一个自动模型，该模型一般被表示成一个网络，对其加以分析，就能够确定典型的工作流程，考察可能减少开发时间、降低开发成本的可选的过程结构。一旦创建了一个可接受的过程，就可以使用其他过程技术的工具来分配、监视甚至控制在软件过程模型中所定义的所有软件工程任务。

1.9.2   软件项目计划

软件项目管理过程中一个关键的活动是制定软件项目计划，它是软件开发工作的第一步。软件项目计划包含两个方面的任务：研究与估算。通过研究确定该软件的主要功能、性能和系统界面，估算则是在软件项目开发前，估算软件开发所需的经费、所需使用的资源以及开发进度。

1.9.3   软件开发成本估算

软件开发成本主要包括软件开发过程中所花费的工作量及相应代价，软件开发成本的基本估算方法有以下三种。

（1）自顶向下的估算方法   从项目的整体出发，进行类推。

（2）自底向上的估算法   把待开发的软件细分，直到能估算出完成每一子任务所需的工作量和成本，将它们累加起来后可得软件开发的总工作量和总成本。

（3）差别估算法   综合上述两类方法的优点，把待开发的软件项目与过去已完成的软件项目进行类比，从待开发的各个子任务中区分出类似的部分和不同的部分。

也可用专家判定技术进行估算，如 Deiphi 技术，其公式为：

$$E_i = \frac{a_i + 4m_i + b_i}{6}$$

$$E = \frac{1}{n} \sum_{i=1}^{n} E_i$$

其中，n 为专家数，E_i 为第 i 位专家的估算期望值，a_i 为软件可能的最少源代码行数，m_i 为软件最可能的源代码行数，b_i 为可能的最多源代码行数，E 为软件的期望中值。

软件成本估算模型多种多样。例如 IBM 模型 $E=5.2\times L^{0.91}$，$D=4.1\times L^{0.36}=14.47\times E^{0.35}$，$S=0.54\times E^{0.6}$，$DOC=49\times L^{1.01}$，在此模型中，$L$ 表示千行源代码数，D 是以月为单位的开发持续时间，E 是开发工作量（人月），S 是需要的人数，DOC 是文档页数。Putnam 模型是一种动态多变量模型，其公式为 $E=[L\times B^{0.333}/P]^3\times(1/t^4)$，式中 E 为开发工作量（人月或人年），L 是源代码行数，B 为特殊技能因子，P 为生产率参数，t 是以月或年为单位的开发持续时间，该模型也称为"软件方程"。Barry Boehm 提出的 COCOMO 模型则是结构型成本估算模型，该模型将软件开发项目分为组织式（Organic）、嵌入式（Embedded）和半独立式（Semi-detached）三类。COCOMO 模型按其详细程度分成三级，即基本 COCOMO 模型、中间 COCOMO 模型和详细 COCOMO 模型，每类软件在每级模型中都有相应的模型定义。基本 COCOMO 模型是一个静态单变量模型，它用一个已估算出来的源代码行数（LOC）为自变量的经验函数来计算软件开发工作量。中间 COCOMO 模型则在利用 LOC 为自变量的函数计算软件开发工作量的基础上，再用产品、硬件、人员、项目方面的十五个属性的影响因素来调整工作量的估算。详细 COCOMO 模型除包括中间 COCOMO 模型的所有特性以外，在利用上述各种影响因素调整工作量的估算时，还要考虑对软件工程过程中各个阶段的影响。Boehm 在 1996 年和 2000 年提出的 COCOMO Ⅱ 也是一种层次结构的估算模型，它包括应用组装模型、早期设计阶段模型以及体系结构后阶段模型，还需要一系列的比例因子。

1.9.4　成本—效益分析

成本—效益分析的目的是从经济角度来评价开发一个新的软件项目是否可行。成本—效益分析首先估算新软件系统的开发成本，然后与可能取得的效益（包括有形的和无形的）进行比较、权衡。有形的效益可以用货币的时间价值、投资回收期、纯收入、投资回收率等指标来进行度量。无形的效益主要从性质上和心理上进行衡量，在某些情形下，无形的效益会转化成有形的效益。

1.9.5　软件进度安排

在制定软件进度计划时必须决定任务之间的从属关系，确定各个任务的先后次序和衔接以及各个任务完成的持续时间，还要注意构成关键路径的任务，若要保证整个项目都能按进度要求完成，就必须保证这些关键任务按进度要求完成。这样，就可以确定在进度安排中应保证的重点。

在制定开发进度计划时可参照 40-20-40 规则分配工作量，该规则指出在整个软件开发的过程中，编码工作量约占 20%，编码前的工作量约占 40%，编码后的工作量约占 40%。

安排软件开发进度常用的工具有 Gantt 图、PERT 技术和 CPM 方法。Gantt 图是很简单的图形工具，其中，水平线段表示子任务，线段的起点和终点分别对应子任务的开始和结束时间，线段的长度表示完成该子任务所需的时间。PERT（Project Evaluation and

Review Technique)技术即计划评审技术,CPM(Central Path Method)方法即关键路径法,它们都是采用网络图的形式来描述一个项目的任务网络的,从一个项目的开始到结束,把应当完成的任务用图或表的形式表示出来,通常用两张表来定义网络图,一张表给出与特定软件项目有关的所有任务(也称为任务分解结构),另一张表则给出应当按照什么样的次序来完成这些任务(也称为限制表)。在网络图中,圆圈表示事件,它是一个子任务开始或结束的时间点。每个圆圈都分成三部分,左半部分的数字表示事件号,右上部分的数字表示前一个子任务结束或后一个子任务开始的最早时刻,右下部分的数字则表示前一个子任务结束或后一个子任务开始的最迟时刻,图中的有向弧或箭头表示子任务,箭头上的数字表示完成此子任务的时间,箭头下面括号中的数字表示完成此子任务的机动时间。在组织较为复杂的软件项目或是需要对特定的任务做更为详细的计划时,可以使用分层的任务网络图。

1.9.6　软件配置管理

软件配置管理(Software Configuration Management,SCM)是一种"保护伞"活动,它应用于整个软件生存期,其目标是为了标识变更、控制变更、确保变更正确地实现,并向其他相关人员报告变更。

软件维护和软件配置管理之间的区别是:维护是一组软件工程活动,它们发生于软件交付给用户并已投入运行之后;软件配置管理是一组追踪和控制活动,它们发生于软件开发项目的开始,结束于软件被淘汰之时。

软件配置管理的任务有 5 项,它们分别是配置标识、版本管理、变更控制、配置报告和配置审核。

基线是软件生存期中各阶段的一个特定点,其作用是把软件开发各阶段的工作的划分更加明确化,使本来连续的工作在这些点上断开,以便于检查与肯定阶段成果。因而,基线可以作为检查点,在开发过程中,当采用的基线发生错误时,则可返回到最近和最恰当的基线上。

软件配置项(Software Configuration Item,SCI)是配置管理的基本单位,对已成为基线的 SCI,必须按照一个特殊的、正式的过程进行评估,确认每一处的修改,以下是可形成基线的 SCI,它们都是 SCM 的对象。

系统规格说明书;软件项目实施计划;SRS;设计规格说明书—数据设计、体系结构设计、模块设计、接口设计、对象描述(使用面向对象技术时);源程序清单;测试计划和过程、测试用例和测试结果记录;操作和安装手册;可执行程序;数据库描述(模式和文件结构、初始内容);用户手册;维护文档(软件问题报告、维护请求、工程变更次序);软件工程标准;项目开发总结等。

1.9.7　CMM 模型与软件过程的改进

由美国卡内基•梅隆大学软件工程研究所(Software Engineering Institute,SEI)提出的软件机构的能力成熟度模型 CMM(Capability Maturity Model)已成为具有广泛影响的模型,该模型将软件过程的成熟度分为五个等级,如图 1-57 所示。处于较低等级的软件机构往往需要较高等级上的某些过程,每个等级都形成一个必要的基础,从此基础出发才能达到下一个等级,一个机构也只有经历这些等级后才能建立起优秀的软件工程文化。假如一个管理混乱的软件机构试图实施等级五过程优化,由于没有可定量度量和跟踪的手段,对过程变更后

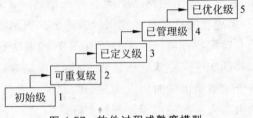

图 1-57 软件过程成熟度模型

可能产生的后果缺乏了解,这种过程优化最终会失败。因而,软件能力成熟度等级的提高是一个循序渐进的过程,软件具有实施较高成熟度等级的某些活动的能力,并不表明可以跳跃成熟度等级。

除初始级外,其他四个等级都有若干个指导软件机构改进软件过程的要点,这些要点称为关键过程域(KPA,Key Process Area)。每个 KPA 都是一组相关的活动,且这些活动都有一些达标的标准,用以表明每个 KPA 的范围、边界和意图。为达到 KPA 的目标所采取的手段可能因项目而异,但一个软件机构为实现某个 KPA,必须达到该 KPA 的全部目标。只有一个机构的所有项目都达到某个 KPA 的目标,该软件机构的以该 KPA 为特征的过程能力才是规范化的。

为了达到 KPA 所规定的目标,必须实施相应的关键实践,关键实践是对 KPA 中起重要作用的方针、规程、措施、活动以及相关基础设施的建立。每个 KPA 所包含的关键实践都涉及执行约定、执行能力、执行的活动、测量和分析以及验证实施五个方面,这五个方面统称为五个共同特征。共同特征是表明一个 KPA 的实施和规范化是否有效、是否可重复且持久的一些属性。KPA 所包含的关键实践全部是按上述五个共同特征加以组织的,CMM 的结构如图 1-58 所示。

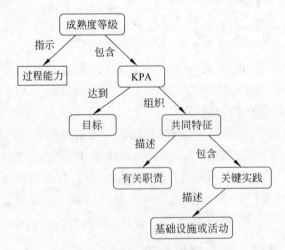

图 1-58 CMM 的结构

为了提高软件机构的生产能力,必须关注三个相关的因素,即技术、过程和人员。软件人员能力成熟度模型采用了软件过程成熟度模型的框架,帮助软件机构了解其劳动力

管理活动的成熟度,将软件过程改进与劳动力管理的改进结合起来指导软件机构管理和开发其劳动力资源。

软件人员能力成熟度模型(P-CMM)是一个分级进化的模型,它作为机构循序渐进的指南。每个成熟度级别都既是机构发展的阶段性目标,又是评价机构能力水平的一个标准,P-CMM 包含了五个成熟度级别,如图 1-59 所示。

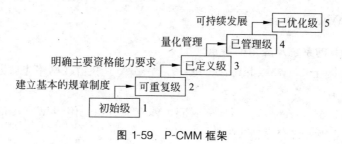

图 1-59 P-CMM 框架

按照 SEI 的定义,根据成熟度级别框架展开的 P-CMM 模型结构如图 1-60 所示。

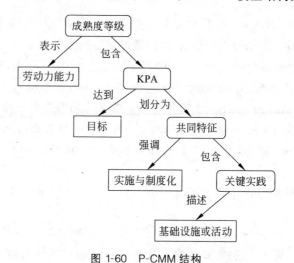

图 1-60 P-CMM 结构

在软件工程小组内加入人力资源管理人员,以进行基于 P-CMM 的改进工作。这样,一个致力于改善整个软件过程能力的项目强调的是过程、技术和人员,这三者缺一不可。基于 P-CMM 的改进工作和其他任何发展项目一样,一要有计划,二要跟踪其进展,三要有专人负责。只有这样,才能保证 P-CMM 在企业的劳动力能力的发展方面发挥最大效益。

1.10 应用 Web 工程

万维网(World Wide Web)给人们带来了前所未有的惊奇和便利,网络的发展改变了世界,基于 Web 的系统和应用无疑是计算史上一个最重要的事件,网络已经成为人们日常生活中不可或缺的部分,Web 工程(WebE)就是用来创建高质量 Web 应用软件(简写做 WebApp)的过程的,在 WebE 过程中,首先对 WebApp 要解决的问题进行系统阐述,之后制定 WebE 项目计划,并为 WebApp 的需求和设计建模,然后使用与 Web 相关的特定技术和工具构造系统,再将 WebApp 交付给最终用户,同时使用技术标准和商业标准对其进行评估。因为 WebApp 在不断演化,因而必须建立配置控制、质量保证及运行支持机制。

1.10.1 Web 工程

1. 基于 Web 的系统及应用的特点

(1) 网络密集性(network intensiveness) WebApp 驻留在网络上,服务于不同的客户群体。

(2) 并发性(concurrency) 在同一时间可能有大量用户使用 WebApp。在很多情况下,最终用户的使用模式存在很大差异。

(3) 无法预计的负载量(unpredictable load) WebApp 的用户数量可能会很大,并常常会有数量级的变化。

(4) 性能(performance) 如果 WebApp 用户必须等待很长时间才能得到响应,则用户就会转向其他地方,因而,对 WebApp 的性能提出了更高的要求。

(5) 可得性(availability) 由于地域及时差,会有不同的人在不同的时间访问 WebApp,这就要求大多数的 WebApp 具有全天候 24 小时的可访问性。

(6) 数据驱动(data driven) 许多 WebApp 的主要功能都是使用超媒体向最终用户提供文本、图片、音频及视频内容。除此以外,WebApp 一般用来访问存储在数据库中的信息,这些数据库最初并不是基于 Web 的环境的整体组成部分,这就要求 WebApp 具有数据驱动属性。

(7) 内容敏感性(content sensitive) 内容的质量和艺术性在很大程度上决定了 WebApp 的质量。

(8) 持续演化(continuous evolution) 传统的应用软件是随一系列规划好的时间间隔发布而演化的,而 Web 应用则是持续地演化的。好的初始体系结构允许 Web 站点以一种可控制的和一致的方式增长。

(9) 即时性(immediacy) 将 WebApp 投入市场的时间很短,有的可能只有几天或几周的时间,Web 开发人员必须使用经过修改的计划、分析、设计、实现和测试方法来满足 WebApp 开发所要求的紧迫的时间进度安排。

(10) 保密性(security) 由于 WebApp 是通过网络访问来使用的,为了保护敏感的内容,并提供保密的数据传输模式,在支持 WebApp 的整个基础设施上以及应用本身的内部方面必须实现较强的保密措施。

(11) 美学性(aesthetics) WebApp 具有吸引力的重要部分是其观感,当要面向市场推销产品或想法时,与技术设计相比,美学可能同样事关该应用的成功。

这些一般属性是所有 WebApp 都具有的,但其影响程度有所不同。

WebE 工作中最常见的应用类型包括信息型、下载型、可定制型、交互型、用户输入型、面向事务型、面向服务型、门户型、数据库访问型以及数据仓库型。

2. WebApp 工程的层次

基于 Web 的系统和应用软件的开发包括专门的过程模型、适合 WebApp 开发特点的软件工程方法以及一组重要技术。

（1）过程　WebE 框架活动通过一个过程来定义 WebApp 的开发，这个过程的特点包括四个方面：包含变化、鼓励开发团队的独创性和独立性、采用小型开发团队构造系统、强调使用短开发周期演化或增量开发。

（2）方法　WebE 方法大体上包括一组技术性任务，这些任务使开发人员能够理解并把握 WebApp 的特点，从而开发出高质量的 WebApp。WebE 方法分为沟通方法、需求分析方法、设计方法和测试方法。除了技术性方法外，评估、进度安排、风险分析等项目管理技术、软件配置管理技术及评审技术也是非常重要的。

（3）工具与技术　随着 WebApp 逐渐成熟及普遍，已经开发出大量的工具和技术，例如内容描述和建模语言 HTML、VRML、XML，编程语言 Java，基于构件的开发资源 CORBA、COM、ActiveX、. NET，浏览器，多媒体工具，网站创建工具，数据库连接工具，保密工具，服务器和服务器实用程序，网站管理及分析工具，等等。

3. Web 工程过程

基于 Web 的系统和应用的特点对所选的 WebE 过程有着深远的影响，如果即时性和持续演化是 WebApp 的重要特点，则 Web 工程团队可选择快速发布 WebApp 的敏捷过程模型；如果 WebApp 要开发很长一段时间，则应选择增量过程模型。

应用系统的网络密集特性要求应用系统能适应大量的、多种多样的用户，在设计上需要采用特殊的应用结构，由于 WebApp 通常是内容驱动的，并强调美学，因此在 WebE 过程中可能需要有并行的开发活动，并包括由技术人员和非技术人员（如广告撰写人和图形设计者等）构成的开发团队。

WebE 过程模型以三点为基础：增量发布、不断变更和短期限。

通用过程框架内的 WebE 过程包括与客户沟通、计划、建模、构造和部署，这五个 WebE 框架活动都应用在一个增量过程流中，如图 1-61 所示。

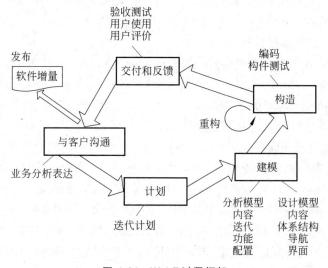

图 1-61　WebE 过程框架

在有些情况下,可以非正式地执行框架活动;而在有些情况下,需要明确定义一系列的任务,并由团队成员执行。WebE 团队的职责是在计划时间内开发出高质量的 WebApp 增量。基于问题、产品、项目及 WebE 团队成员的特点,可以对与 WebE 框架活动相关的任务进行修改、排除或扩充。

4. Web 工程的最佳实践

有时在巨大的时间压力下,由于工期紧,Web 工程团队会设法走捷径,不按照上节定义的 WebE 过程框架来进行 WebApp 的开发,这样可能会导致更多的开发工作量。因而,如果要开发符合行业质量标准的 WebApp,就应该应用以下基本 Web 工程实践。

(1) 即使 WebApp 的一些细节是模糊的,也需要花时间去理解业务要求和产品目标。

(2) 使用基于场景的方式来描述用户如何同 WebApp 交互。

(3) 即使计划很简短,是以天为单位的,也要制定一个项目计划。

(4) 无论如何都应该花时间来建模。

(5) 正式技术评审应该贯穿整个 WebE 项目。

(6) 尽可能多地使用可复用构件来构造系统。

(7) "先测试,后部署" 是高于一切的指导原则,即使必须拖延最后的部署期限也不要改变该原则。

1.10.2 WebApp 项目计划

软件工程的基本原则之一是在解决某个问题之前,要先理解问题,并确保解决方案是用户真正需要的,该原则是系统计划的基础,也是 Web 工程的首要活动。另外一个基本原则是先计划,后开发。该原则是项目计划的基础。

1. 完成 Web 项目计划的主要活动

制定计划是一系列 Web 工程活动,包括标识业务需求、描述 WebApp 的目标、定义主要特性和功能、进行需求收集和开发分析模型。通过计划可以使用户及开发人员为 WebApp 的构造建立一组共同的目标。同时,计划也确定了开发的范围,提供了决定产品是否成功的方法。

2. 制定 Web 工程项目计划

表 1-4 给出了 WebApp 项目与传统软件项目的比较,由表 1-4 可见,传统的软件项目和大多数的 WebApp 项目有很多相似之处,小规模的 WebApp 项目与传统项目具有不同的特点,然而,即使在小规模的 WebApp 项目中,为了避免失败、降低损失,也必须进行计划、考虑风险、制定进度表并定义控制措施。

3. 组建 Web 工程团队

组建一支团结的、有能力的 Web 工程团队对于 WebE 的成功至关重要。

创建成功的 Web 应用系统需要多方面的技能人员,如果给定了大型 WebApp 开发项目的相关要求,所需的多种多样的技能最好分布在整个 Web 工程团队中。整个 WebE 团队成员必须具备的技能包括:基于构件的软件工程,网络、体系结构设计和导航设计,Internet 标准/语言,人机界面设计,图形设计,内容布局及 WebApp 测试。由此可知 WebE 团队的成员构成:WebApp 内容开发者或提供者、Web 出版者、Web 工程师、业务

表 1-4　传统项目和 WebApp 项目的区别

比 较 内 容	传 统 项 目	小型 WebApp 项目	大型 WebApp 项目
需求收集	严格的	受限制的	严格的
技术规格说明	模型、规格说明健全	总体描述	UML 模型、规格说明健全
项目持续时间	以月或者年为度量单位	以天、周或月为度量单位	以月或年为度量单位
测试和质量保证	致力于取得质量目标	致力于风险控制	重视所有的 SQA 活动
风险管理	明确的	内部的	明确的
可交付使用的期限	18 个月或更长	3～6 个月或更短	6～12 个月或更短
发布过程	严格的	快速的	严格的
发布后客户的反馈	需要大量的主动工作	从用户交互中自动获得	自动获得及通过请求反馈获得

领域专家、WebApp 支持专家以及“Web 站长”。

应该建立一系列可以提高团队工作效率的团队准则,团队必须有坚强的领导层,应充分发挥团队中每个人的才能,团队每个成员都应该负责任,敢于面对和克服困难,这五个方面是组建团队应遵循的要点。

4. Web 工程的项目管理

一旦完成了计划,基本的 WebApp 需求就确定了,此时,Web 工程项目的软件组织面临两种选择:一是将 WebApp 外包,Web 工程由拥有技术和能力但缺少业务来源的第三方供应商来完成;二是内部开发,WebApp 由企业雇佣的 Web 工程师开发。当然也可以内部开发一部分 Web 工程工作,将其他工作外包。

不管 WebApp 是外包、内部开发,还是由外部供应商和内部员工共同分工完成,要完成的工作都是一样的。但是,需求的沟通、技术活动的分配、用户和开发人员之间的交互程度以及其他重要问题都需要有所改变。

外包同内部开发 WebApp 在组织上是不同的。内部开发是直接将 Web 工程团队的所有成员集中在一起,使用正规的组织方式进行交流。对于外包,如果让自己的内部成员直接同外包供应商交流,而没有通过供应商的联络人来协调和控制的话,则可能既不实际,效果又不好。

(1) WebApp 外包　在 WebApp 外包的情况下,客户应向两个以上供应商询问 WebApp 开发的固定报价,对这些竞争报价进行比较,然后选择一个供应商来完成该工作。选择的指导原则:首先要有明确的 WebApp 目标,应该在内部进行了 WebApp 的粗略设计,并制定好项目进度表,列出责任表及双方(合同方和供应商)的监督和交互的程度;其次,在挑选外包供应商时要访问过去的客户,以考察该 Web 供应商的能力,确定在过去成功的项目中供应商的首席 Web 工程师的名字,仔细检查供应商完成的样板;第三,评估报价是否合理、公正;第四,建立合同方和供应商之间高效沟通的机制;第五,确定精细的开发进度安排;第六,有效控制变更范围。这些指导原则可以帮助合同方和供应商双方在最小误解的情况下顺利地启动项目。

(2) 内部 Web 工程　Pressman 建议使用下面的步骤对中小规模的 WebE 项目进行

管理：与客户充分沟通，理解软件范围、变化的范围以及项目的限制；定义 WebApp 的演化策略；进行风险分析；进行项目的快速估算；选择任务集并给出过程描述；制定较精细的进度表；建立项目跟踪机制；建立变更管理方法。

1.10.3　WebApp 分析

1. WebApp 的需求分析

WebApp 的需求分析包括三个主要任务：表述问题、收集需求和分析建模。在表述问题期间要确定 WebApp 的目的和目标，并定义用户的种类。随着需求收集的开始，Web 工程团队和 WebApp 用户之间的交流会逐渐增强。应列出内容和功能需求，并从最终用户的角度来开发交互的场景（用例），其目的是对为什么要建立 WebApp 有一个基本的了解，明确谁将使用它，它将为用户解决哪些问题。

2. WebApp 的分析模型

因为 WebApp 的分析模型是由信息驱动的，这些信息都包含在为应用系统开发的用例中。因而首先应对用例描述进行分析，确定可能的分析类及与每个类相关的操作和属性。其次确定 WebApp 表示的内容，然后从用例描述中抽取执行的功能。最后，实现具体的需求，以便建立支持 WebApp 的环境和基本设施。

分析模型有四种分析活动，每一种分析活动都尽力去创建完整的分析模型，这四种分析活动分别是内容分析、交互分析、功能分析和配置分析。对于这四种分析活动在任务期间收集的信息，应该根据需要进行检查、修改，然后将这些信息组织在一个模型里，传给 WebApp 的设计者。

模型本身包含结构元素和动态元素。结构元素确定分析类和内容对象，用来创建满足要求的 WebApp；分析模型的动态元素描述了结构元素之间以及与最终用户是如何相互作用的。

3. 内容模型

通过仔细检查为 WebApp 所开发的用例，可以得到内容模型；通过对用例进行分析，可以抽取出内容对象和分析类。

4. 交互模型

绝大多数的 WebApp 都能够使最终用户与应用系统的功能、内容及行为之间进行“会话”，这种交互模型是由用例、顺序图、状态图和用户界面原型四种元素组成的。除此以外，它也可以在导航模型中表示交互。

5. 功能模型

功能模型用于描述 WebApp 的两个处理元素，一是用户可观察到的功能，二是分析类中的操作，每个处理元素都代表过程抽象的不同层次。用户可观察到的功能包括直接由用户启动的任何处理功能。这些功能实际上可能要使用分析类中的操作才能完成，但是从最终用户的角度看，这些功能（更正确地说，是这些功能提供的数据）是可见的结果。

在过程抽象的更低层次，分析模型描述了由分析类操作所执行的处理，这些操作操纵类属性，并参与类之间的协作来完成所需要的行为。不管过程抽象的层次如何，UML 的活动图都可用来表示处理细节。

6. 配置模型

WebApp 的设计和实现必须适应服务器端和客户端的多种环境,WebApp 可以位于服务器上,用户可以通过网络对其进行访问。这样,开发人员既要确定服务器硬件和操作系统环境,还应该考虑服务器端的互操作性。如果 WebApp 必须访问大型数据库,或者与位于服务器端的公共应用程序进行互操作,则必须详细说明合适的接口、通信协议和相关的协作信息。

客户端软件提供了基础设施,它使得用户可以从所在的位置访问 WebApp。浏览器用来显示从服务器下载的 WebApp 内容和功能。尽管有标准,但是每个浏览器都有它自己的特性。因此,针对作为配置模型一部分的每一种浏览器配置,都必须对 WebApp 进行彻底的测试。

在某些情况下,配置模型只不过是服务器端和客户端的属性列表。但是,对更复杂的 WebApp 来说,多种配置的复杂性可能对分析和设计产生影响。在必须考虑复杂配置体系结构的情况下,可以使用 UML 部署图。

7. 关系导航分析

分析模型的元素确定了内容元素、功能元素及用户执行交互的方式,当由分析发展成设计时,这些元素就变成了 WebApp 体系结构的一部分。在 Web 应用中,每个体系结构的元素都有可能与其他体系结构元素相链接。但是,随着链接数目的增加,WebApp 导航的复杂性也增加。因而,此时的问题是如何在内容对象与提供用户所需能力的功能之间建立适当的链接。

关系导航分析(Relationship-Navigation Analysis,RNA)用以确定元素之间的关系,这些元素是在创建分析模型时发现的,它们是分析模型的一部分。RNA 方法可以概括为五步:用户分析、元素分析、关系分析、导航分析和评估分析。

1.10.4 WebApp 设计

当在 Web 工程环境中进行 WebApp 设计时,无论设计模型的形式如何,它都应该包括足够的信息来反映需求是如何转化为内容和可执行代码的。

1. 设计质量

影响基于 Web 的系统质量的特性包括可用性、功能性、可靠性、效率及可维护性,以这五个方面为基础可生成一个"质量需求树",如图 1-62 所示,除此以外,影响 WebApp 质量的重要因素还包括安全性、可得性、可伸缩性和面市时间等。

在 WWW 上查找信息的网民可以获得数亿的网页,即使是很好地命中目标的 Web 查找也会得到大量内容。要从浩如烟海的信息源中选择需要的信息,用户如何评价 WebApp 所展示的内容的质量(如准确性、精确性、完整性和适时性)? Tillman 提出了一组评价内容质量的有用标准,具体如下。

- 能否很容易地判断内容的范围和深度,确保满足用户的需求。
- 是否容易确定内容作者的背景和权威性。
- 能否决定内容的通用性,最后的更新时间及更新内容是什么?
- 内容和位置是否稳定。

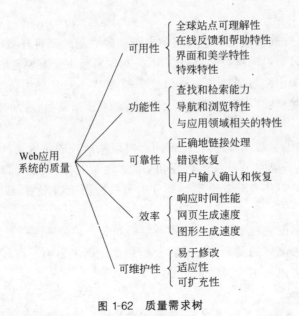

图 1-62　质量需求树

- 内容是否可信。
- WebApp 能否给使用它的用户带来一些特别的好处。
- 内容对于目标用户群体是否有价值。
- 内容的组织是否合理、是否有索引、是否容易存取。

这个清单只是设计 WebApp 时应该考虑的问题中的一小部分，Web 工程的一个重要目标是开发对所有与质量相关的问题都能提供肯定回答的系统。

2. 设计目标

一个好的 WebApp 设计应具有简单性、一致性、相符性、健壮性、导航性、视觉吸引性以及兼容性，它们和应用的领域、规模和复杂度无关，适用于任何 WebApp。

3. 设计活动

WebE 包括六种不同类型的设计，每种设计都对 WebApp 的整体质量有影响，Web工程的设计活动可用一个金字塔来表示，金字塔的每一层都表示一种设计活动，如图 1-63

图 1-63　WebE 设计金字塔模型

所示。图 1-63 中的界面设计描述了用户界面的结构和组织形式，包括屏幕布局、交互模式定义和导航机制描述。美学设计也称为美术设计，它描述了WebApp 的"外观和感觉"，包括颜色配置，几何图案设计，文字大小、字体和位置，图形的使用及相关的美学决策等。内容设计针对作为 WebApp 组成部分的所有内容，定义其布局、结构和轮廓，建立内容对象之间的关系。导航设计针对所有的 WebApp 功能，描述内容对象之间的导航流程。体系结构设计用于确定 WebApp 的所有超媒体的结构。构件设计用于开发实现功能构件所需要的详细处理逻辑。

4. 超媒体设计模式

应用于 Web 工程的设计模式主要包括两类：适用于所有软件类型的通用设计模式和针对 WebApp 的超媒体设计模式，很多超媒体模式的目录和知识库都可以通过 Internet 获得。

设计模式是一种解决某些小的设计问题的通用方法，这种方法也适合更大范围的一些特别的问题。在基于 Web 的系统中，通用设计模式主要有体系结构模式、构件构造模式、导航模式、表示模式以及行为/用户交互模式五种模式。

近年来，已出现了很多 Web 应用系统的设计方法，其中面向对象的超媒体设计方法（Object-Oriented Hypermedia Design Method, OOHDM）是最受关注的 WebApp 设计方法之一。OOHDM 由四种不同的设计活动组成，即概念设计、导航设计、抽象界面设计和实现，这些设计活动的简要描述如表 1-5 所示。

表 1-5　OOHDM 方法

设计活动	概念设计	导航设计	抽象界面设计	实现
工作产品	类，子系统，关系，属性	结点链接，访问结构，导航上下文，导航变换	抽象界面对象，外部事件响应，变换	可执行的WebApp
设计机制	分类，组合，聚合，泛化，特殊化	建立概念对象和导航对象的对应关系	建立导航和可感知对象的对应关系	目标环境提供的资源
设计重点	应用领域的建模语义学	考虑用户轮廓和任务，侧重于可感知的方面	可感知对象建模，实现选择的比喻，描述导航对象的界面	正确性，应用性能，完备性

1.10.5　WebApp 测试

为了保证 WebE 项目的质量，在编写代码之前，就应该开始测试。进行持续及有效地测试，就会开发出更耐用的 Web 站点。由于不能在传统意义上对分析及设计模型进行测试，所以对 WebApp 除了进行可运行的测试，还应该进行正式技术评审，目的是在 WebApp 交付最终用户使用之前发现并改正错误。

1. WebApp 测试的概念

（1）影响 WebApp 的质量因素

良好的设计应该将高质量集成到 Web 应用系统中。通过对设计模型中的不同元素进行一系列的技术评审，并应用本节所讨论的测试过程对质量进行评估。评估和测试都要检查下面质量因素中的一项或多项。

① 内容。在语法及语义层对内容进行评估。在语法层，对基于文本的文档进行拼写、标点及文法方面的评估；在语义层，对所表示的信息的正确性、整个内容对象及相关对象的一致性及清晰性都要进行评估。

② 功能。对功能进行测试，以发现与客户需求不一致的错误。对每一项 WebApp 功能，都要评定其正确性、不稳定性及与相应的实现标准（如 Java 或 XML 语言标准等）的总体符合程度。

③ 结构。对结构进行评估，以保证它既能正确地表示 WebApp 的内容及功能，又能扩展新内容和新功能。

④ 可用性。对可用性进行测试,以保证接口支持各种类型的用户,各种用户都能够学会以及使用所有导航语法及语义。

⑤ 导航性。对导航性进行测试,要保证检查所有的导航语法及语义,以发现所有的导航错误(如死链接、不合适的链接、错误链接等)。

⑥ 性能。在各种不同的操作条件、配置及负载下,对性能进行测试,以保证系统能响应用户的交互并处理极端的负载情况,而且不会出现不可接受的操作上的性能降低。

⑦ 兼容性。在客户端、服务器端以及各种不同的主机配置下通过运行 WebApp 对兼容性进行测试,目的是发现针对特定主机配置的错误。

⑧ 互操作性。对互操作性进行测试,以保证 WebApp 与其他应用系统、数据库有正确接口。

⑨ 安全性。对安全性进行测试,通过评定可能存在的弱点,对每一个弱点都进行攻击。任何成功的突破尝试都被认为是一个安全漏洞。

(2) WebApp 环境中的错误特点

测试的主要目的是发现错误,成功的 WebApp 测试所遇到的错误具有很多独特的特点,具体如下。

① WebApp 测试发现的很多类型的错误都首先表现在客户端,用户看到的往往都是错误的征兆,而不是错误本身。

② WebApp 是在很多不同的配置及不同的环境中实现的,要在最初遇到错误的环境之外再现错误是很困难的,或是不可能的。

③ 虽然许多错误是不正确的设计、HTML 或其他程序设计语言编码的结果,但很多错误的原因都能够追溯到 WebApp 配置。

④ 由于 WebApp 位于客户/服务器体系结构之中,因而在客户、服务器或网络中追踪错误是很困难的。

⑤ 某些错误的产生是由于静态的操作环境(即进行测试的特定配置),而有些错误的产生则是由于动态的操作环境保护(即瞬间的资源负载或与时间相关的错误)。

上述五个错误特点说明:在 Web 工程过程中发现的所有错误的诊断中,环境都起着非常重要的作用;在某些情况(如内容测试等)下,错误的位置是明显的,但对于很多其他类型的 WebApp 测试(如导航测试、性能测试、安全测试等),错误的根本原因很难确定。

(3) 测试策略

WebApp 测试策略采用所有软件测试所使用的基本原理,并建议使用面向对象系统所使用的策略。WebApp 测试的总体策略可以归纳为以下十个步骤。

① 对 WebApp 的内容模型进行评审,以发现错误。

② 对接口模型进行评审,保证它适合所有的用例。

③ 评审 WebApp 的设计模型,以便发现导航错误。

④ 测试用户界面,以便发现表现机制及导航机制中的错误。

⑤ 对选择的功能构件进行单元测试。

⑥ 对贯穿体系结构的导航进行测试。

⑦ 在各种不同的环境配置下,实现 WebApp,并测试 WebApp 对于每一种配置的兼容性。

⑧ 进行安全性测试,攻击 WebApp 或其所处环境的弱点。

⑨ 进行性能测试。

⑩ 通过可监控的最终用户群对 WebApp 进行测试。对他们与系统的交互结果进行评估,包括内容和导航错误、可用性、兼容性、WebApp 的可靠性及性能等方面的评估。

因为 WebApp 是持续演化的,所以应对 WebApp 不断地进行回归测试。

（4）测试计划

测试计划是一个独立的文档。但在某些情况下,测试计划可以集成到项目计划中,在每种情况下,都需要为每一个测试步骤开发一组测试用例,并且要对记录了测试结果的文档进行维护,以备将来使用。WebApp 测试计划应该确定如下内容：①测试任务集；②每一项测试任务所生产的工作产品；③以何种方式对测试结果进行评估、记录以及在进行回归测试时如何重用测试结果。

2. 测试过程

WebApp 测试是一组相关的活动,这些活动的共同目标是发现 WebApp 在内容、功能、可用性、导航性、性能、容量及安全方面存在的错误。为实现这个目标,要将同时包括评审及可运行测试的测试策略应用于整个 Web 系统的开发过程中。

在进行 WebApp 测试时,首先关注用户可见的方面,之后再进行技术及基础结构方面的测试。测试分为 7 个步骤：内容测试、用户界面测试、导航测试、构件测试、配置测试、性能测试及安全性测试。测试过程如图 1-64 所示,当测试流从左到右、从上到下移动时,首先测试 WebApp 设计中的用户可见元素（金字塔的顶端元素）,之后再对内部结构的设计元素进行测试。

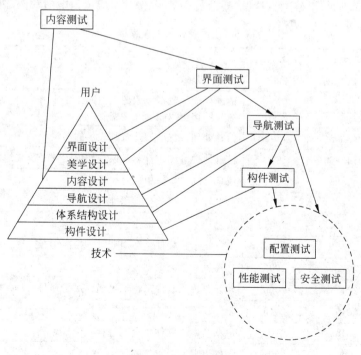

图 1-64　测试过程

1.11 软件工程标准和软件文档

对于一个软件工程项目来说,可能有许多层次、不同分工的人员相互配合,在开发项目的各个部分以及各个开发阶段之间也都存在着许多联系和衔接问题。把这些错综复杂的关系协调好,需要有一系列统一的约束和规定。在软件开发项目取得阶段成果或最后完成时,需要进行阶段评审和验收测试。在投入运行的软件的维护工作中遇到的问题与开发工作密切相关。软件的管理工作渗透到软件生存期的每一个环节中。所有这些都要求提供统一的行动规范和衡量准则,使得各种工作都有章可循,以上这些就是软件工程标准化的意义。

软件工程标准的类型是多方面的,它可能包括过程标准(如方法、技术和度量等)、产品标准(如需求、设计、部件、描述、计划和报告等)、专业标准(如职别、道德准则、认证、特许和课程等)以及记法标准(如术语、表示法和语言等)。中国国家标准 GB/T 15538—1995《软件工程标准分类法》将软件工程分为以下三类。

(1) FIPS135,美国国家标准局发布的《软件文档管理指南》。

(2) NSAC-39,美国核子安全分析中心发布的《安全参数显示系统的验证与确认》。

(3) ISO 5807,国际标准化组织公布(现已成为中国国家标准)的《信息处理—数据流程图、程序流程图、程序网络图和系统资源图的文件编制符号及约定》。

根据软件工程标准制定的机构与适用的范围,软件工程标准可分为国际标准、国家标准、行业标准、企业规范及项目(课题)规范五个等级,表 1-6 所示为中国软件工程国家标准。

表 1-6 中国软件工程国家标准

分类	标准号	发布年份	标准名称
术语及表示法	GB/T 11457	2006	软件工程术语
	GB/T 1526	1989	信息处理 数据流程图、程序流程图、系统流程图、程序网络图和系统资源图的文件编制
	GB/T 13502	1992	信息处理 程序构造及其表示的约定
	GB/T 14085	1993	信息处理系统 计算机系统配置图符号及其约定
	GB/T 15535	1995	信息处理 单命中判定表规范
软件生存期过程	GB/T 8566	2007	信息技术 软件生存周期过程
	GB/T 18491.1	2001	信息技术 软件测量 功能规模测量 第1部分:概念定义
	GB/T 18493	2001	信息技术 软件生存周期过程指南
	GB/T 15532	2008	计算机软件测试规范
	GB/Z 20156	2006	软件工程 软件生存期过程 用于项目管理的指南
	GB/Z 20157	2006	软件工程 软件维护
	GB/Z 20158	2006	信息技术 软件生存期过程 配置管理
	GB/T 20917	2007	软件工程 测量过程
	GB/T 20918	2007	信息技术 软件生存期过程 风险管理

分类	标准号	发布年份	标 准 名 称
软件质量	GB/T 14394	1993	计算机软件可靠性和维护性管理
	GB/T 16260.1	2006	软件工程 产品质量 第1部分：质量模型
	GB/T 16260.2	2006	软件工程 产品质量 第2部分：外部度量
	GB/T 16260.3	2006	软件工程 产品质量 第3部分：内部度量
	GB/T 16260.4	2006	软件工程 产品质量 第4部分：使用质量的度量
	GB/T 17544	1998	信息技术 软件包 质量要求和测量
	GB/T 18492	2001	信息技术 系统及软件完整性级别
	GB/T 18905.1	2002	软件工程 产品评价 第1部分：概述
	GB/T 18905.2	2002	软件工程 产品评价 第2部分：策划与管理
	GB/T 18905.3	2002	软件工程 产品评价 第3部分：开发者用的过程
	GB/T 18905.4	2002	软件工程 产品评价 第4部分：需方用的过程
	GB/T 18905.5	2002	软件工程 产品评价 第5部分：评估者用的过程
	GB/T 18905.6	2002	软件工程 产品评价 第6部分：评估模块的文档编制
文档	GB/T 8567	2006	计算机软件文档编制规范
	GB/T 9385	2008	计算机软件需求说明编制指南
	GB/T 9386	2008	计算机软件测试文件编制指南
	GB/T 16680	1996	软件文档管理指南
工具	GB/T 18234	2000	信息技术 CASE工具的评价与选择指南
	GB/T 18914	2002	信息技术 软件工程 CASE工具的采用指南

国际标准是由国际标准化组织 ISO(International Standards Organization)制定和公布的供世界各国参考的标准,它具有很大的权威性。ISO 9000 是质量管理和质量保证标准,ISO 9001 是应用于软件工程的质量保证标准,因为 ISO 9001 标准适用于所有的工程行业,所以又开发了 ISO 9000-3 使 ISO 9001 适用于软件开发、供应和维护。

由政府或国家级的机构制定或批准、适合于全国范围的标准称为国家标准。例如 GB,中国国家技术监督局公布实施的标准;ANSI(American National Standards Institute)标准,美国国家标准协会制定的标准;BS(British Standard),英国国家标准;DIN 标准,德国标准协会制定的标准;JIS(Japanese Industrial Standard),日本工业标准等。

由行业机构、学术团体或国防机构制定的适合某个行业的标准称为行业标准,主要有以下几种。

(1) IEEE(Institute of Electrical and Electronics Engineers)标准,美国电气及电子工程师学会标准。

(2) GIB,中国国家军用标准。

(3) DOD-STD(Department Of Defense-STanDards),美国国防部标准。

(4) MIL-S(MILitary-Standard),美国军用标准。

大型企业或公司所制定的适用于本部门的规范称为企业规范。

某一项目组织为该项目制定的专用的软件工程规范称为项目(课题)规范。

文档指的是某种数据媒体和其中所记录的数据。在软件工程中,文档用于表示对需求、工程或结果进行描述、定义、规定、报告或认证的任何书面或图示的信息。它们描述和规定了软件设计和实现的细节,说明了使用软件的操作命令。文档是软件产品的重要组成部分,文档的编制在软件开发中占有突出地位和相当大的工作量。高质量的文档对于转让、变更、修改、扩充和使用软件以及发挥软件产品的效益都有着重要的意义。

因此,软件文档的作用是提高软件开发过程的能见度;提高开发效率;作为开发人员阶段工作成果和结束标志;记录开发过程的有关信息,以便于使用和维护;提供软件运行、维护和培训的有关资料;便于用户了解软件的功能和性能。

软件生存期各阶段应包括的主要文档及与各类人员的关系如表 1-7 所示。

表 1-7　软件文档与各类人员之间的关系

文　档 ＼ 人　员	管理人员	开发人员	维护人员	用　户
可行性研究报告	√	√		
项目开发计划	√	√		
软件需求说明书		√		
数据要求说明书		√		
测试计划		√		
概要设计说明书		√	√	
详细设计说明书		√	√	
用户手册				√
操作手册				√
软件质量保证计划	√	√		
测试分析报告		√	√	
开发进度月报	√			
项目开发总结	√			
程序维护手册(维护修改意见)	√		√	
软件版本说明				√

第 2 章　实践内容及考核方式

软件工程是针对解决大型软件开发和维护中出现的问题而发展起来的一门科学,只有开发大型软件项目才能真正体会到工程化的优越性。而在学习本课程的几周或几个月之内作一个大型项目是十分困难的,也是不现实的。要想在短时间内得到工程化的训练,首先要规范工作,不能用学习一种程序设计语言时所用的编写小程序的方式来开发软件。要用工程化的方法开发软件,要重视开发过程管理,需要编写一系列的文档,要有一系列的工作产品。

学生应根据上一章总结的软件开发的步骤、目标、基本方法及软件工程学科的主要内容来选定题目,以软件工程各个阶段的主要工作产品为目标开展课程设计。以下列出的软件工程实践题目均具有实用意义,都是从实际课题中精选出来的,不同的题目涉及不同的应用领域或专业知识,每个题目都只给出了功能要求或简单的性能指标,学生在选择并完成某课题时,还要做很多工作,要对课题作深入的调查研究、分析,查阅相关资料,学习相关知识,必要时还应到相关现场参观、走访用户、深入了解课题内容,按要求认真完成软件计划、需求分析、软件设计、软件编码及软件测试。

2.1　实践内容

下述题目中的 * 号为难度标记,打一个 * 的可以由 2 人以上的软件工程小组进行。打两个 * 的除由软件工程小组设计以外,可在小组工作的基础上,仍由这些人在毕业设计期间继续进行。上述题目均以软件工程各个阶段的工作产品为目标,在内容较多、课题复杂、实践学时较少的情况下,学生可只完成部分编码工作,或用有关工具自动生成代码。

(1) 火车订票管理系统　具有订票;退票;查询车次,发、到站时间,票价,票源情况;打印等功能。票的种类包括包厢软卧、软卧、包厢硬卧、硬卧、软席、硬席、加快票(直达特别加快、特别加快、普通加快)、站台票等,还要区分全价票、学生票、儿童票、革命伤残军人票、附加票、铁路职工等不同乘客的情况以及节假日某些车次的票价上调、淡季的下调等。

全价票即不进行任何优惠的火车票,其票面价格是经过"铁路旅客票价计算方法"计算出来的;儿童票是身高为 $1.1\sim1.4\mathrm{m}$ 的儿童所应购买的火车票,可享受半价客票、加快票和空调票;每位成年旅客可携带一名身高在 $1.1\mathrm{m}$ 以下的儿童,无须购买火车票,如果所携带的儿童超过一名时,则要按照人数购买儿童票;学生票是指在普通大、专院校,军事院校,中、小学和中等专业学校、技工学校就读,没有工资收入的学生、研究生,家庭居住地和学校不在同一城市时可购买的火车票,可享受每年四次的家庭至院校(实习地点)之间的半价硬座客票、加快票和空调票,新生凭入学通知书、毕业生凭学校书面证明可买一次学生票;革命伤残军人票是指中国人民解放军和中国人民武装警察部队因伤致残的军人所能购买的火车票种类,革命伤残军人凭"革命伤残军人证"可享受半价的软座、硬座客票和附加票。附加票是客票的补充部分,除儿童外,不能单独使用。

(2) 飞机订票管理系统　参照(1)的要求,飞机订票涉及航班、航线、机型,票的种类包括头等票、商务票、经济票、旅游机票、团体机票以及包机机票,同时要考虑到飞机订票的特殊要求,如需要身份证、票价可浮动和暑期教师优惠等。

(3) 人事管理系统　针对一个实际单位的情况开发一个具体的人事管理系统,也可开发一个通用的系统,主要功能包括人员变动(增加、删除、修改),干部任、免、升、降,各类人员统计,机构变动(新增、合并、改名、取消),职称变动(评、聘、升、退)等。

(4) 人事档案管理系统　参照(3)的要求,在对档案进行增加、删除、修改时要考虑权限。

(5) 工资管理系统　开发一个通用的工资管理系统,要考虑到不同单位工资项目、类别的不同,可多可少,能随意调整。工资要随人员变动(参看(3))而发生变化,能适合时、周、月、季、年的情况发放,可按全单位发放,也可按部门发放,有查询、统计、排序、打印的功能,适应性要强。工资总额由计时工资、计件工资、计件超额工资、奖金、津贴和补贴、加班加点工资、特殊情况下支付的工资、代扣代缴的各种税(费)、各种社会保险费用、公积金组成,要区分税前工资和实发工资。

(6) 学籍管理系统　主要功能有学生注册(根据学费交纳情况进行)、注销、休学、退学,成绩录入、修改、打印、查询,专业调整,学分统计,评优,奖学金评定,按专业或班级排名,按单科成绩排名,综合排名(不同的课要设不同的权重,可根据课程类别及学分情况设置),辅修专业、学位情况等。

(7) 特定课程试题库管理系统　针对某门具体课程,可实现对试题的录入、编辑、修改、删除、打印等功能,根据不同的难易要求、时间要求或章节要求随机从库中选题,自动出卷,能对卷中的试题进行调整,支持图形编辑功能,具有特殊的工程符号,能进行特殊的数学运算。

(8) 试卷库管理系统　可实现对试卷的编辑、录入、修改、归类、查询、统计、根据不同要求随机出试卷、打印等功能。

(9) 特定课程计算机辅助教学系统*　针对某门课程设计一个计算机辅助教学系统,使初学者能够在计算机上按照系统指导逐步掌握该课程的基本内容和要求,并能通过循序渐进地练习和测验,确定继续学习的进度。对于具有一定基础的同学可通过该系统复习、巩固所学内容,由系统提纲挈领地总结出要点、难点,系统具有自动出卷、阅卷功能(参看(7)、(8)的要求)。整个系统是会话式的,具有灵活的人机界面,系统还应具有一定的查错能力。

(10) 大学排课系统**　设计一个排课系统。对算法要精心设计,要考虑各种因素的约束,如专业、课程类别(必修、限选、任选)、时间、教师(同一位教师在同一时间不能上两门课,同一位教师的某门课程在两次上课之间要相隔一定的时间)、教室(容量、地点)等,能容许人工干预和调整,可以以表格形式打印出某专业、某教师及全校课程表。

(11) 科技档案管理系统　设计一个科技档案管理系统,对科研项目、论文、著作、专利、产品、成果实施登记、查询、提醒、分类检查,并形成统计报表输出。

(12) 科研管理系统*　设计一个科研管理系统,可辅助科研项目的立项,专利的申报,论文、著作、产品、成果的鉴定、评审、认定、审定,可自动生成某些标准表格(如项目申请表、审批表、合同书和评审表等)。该系统中应有各领域专家的详细资料,可随机抽取某一领域的合乎要求的专家供选用,此外,还应有(11)的功能。

(13)研究生学籍管理系统*　　根据对不同层次研究生(硕士、博士、博士后)的不同要求(学分、年限、研究方向、开题报告、学术报告、论文、实践环节等),参照(6)设计一个研究生学籍管理系统,对同一层次的研究生还要区分类别,如国家计划内/外、进修、省内分配、工程硕士/博士、同等学力、全日制/半脱产、论文硕士/博士等,分别处理。

(14)医院病房及病员管理系统　　设计一个医院病房及病员管理系统,对不同科的病人分病区进行管理,包括入院、转院、出院、结账。对住院病人情况要建历史数据库,可对以往病史进行查询,可对突发性重大流行疾病(如 SARS 等)患者及疑似患者进行追踪、统计、生成各种报表。可对某类住院病人或某种病情住院病人的人数进行统计,以图形方式按季节、年龄、性别、职业、住院持续时间等输出统计分析结果,还可查询病房床位情况。根据需要,可以打印各种数据。

(15)医院药品管理系统　　设计一个医院药品管理系统。该系统的主要功能有药品验收、入库、出库、分类统计、查询、报表打印等。查询可按药品名称、出厂年月、批号、生产厂家、有效期等进行,也可按类别实现模糊查询。当某种药品数量不足某一数值时,给出缺药预警,提示尽快进货,当某种疾病流行,相应药品使用较多,出库频率较高时,也要给出提前进药的预警。当某种药品积压、超过有效期时,要进行报废处理。

(16)药房管理系统　　参照(15)设计一个药房管理系统,除具有(15)的类似功能外,还要增加财务、账目结算、工资管理、税收、发票管理等功能,药品零售价=药品进价×(1+具体百分数)。

(17)图书馆信息管理系统**　　设计一个图书馆信息管理系统,该系统具有采购、编目、流通、连续出版物管理、编制索引以及文献检索六大功能。采购包括资料的选择、计算费用、订购、编制新到资料的馆藏目录等。编目包括编制和维护馆藏细目等功能。流通包括借还书(资料、期刊等)管理、过期发催还通知单、罚款、预约借书等功能。连续出版物管理指的是对定期或连续出版的资料,如杂志、会议录、年刊或通报等,需要以不同于只出版一次的资料的方式处理。要求以多种排列方式来编制图书馆所藏连续出版物的目录,由该系统控制预订和新到的期次。编制索引要根据《中国图书分类法》按照一定规则产生。文献检索要能满足多种要求。

(18)医院综合管理信息系统*　　设计一个医院综合管理信息系统,主要功能有挂号管理、病历管理、病房及病员管理、药品管理、救护器械及车辆管理、医患纠纷及医疗事故鉴定管理、医院内部人事管理、实习及培训管理、工资管理、公文管理、图书资料管理等。参照(3)、(4)、(5)、(14)、(15)、(17)的功能要求。

(19)电路辅助设计及分析系统*　　设计一个电路辅助设计及分析系统,该系统应提供绘制电路图的功能,基本的元器件可包括电阻、电容、电感、互感、变压器、独立电压源、非独立电源、交流电源、脉冲电源和二极管、双极型三极管、MOS 场效应管等半导体器件。该系统应对以下几种电路进行分析:直流线性及非线性分析、交流小讯号线性分析、瞬态线性及非线性分析、直流灵敏度分析、交流灵敏度分析、快速傅里叶分析、直流电路的不同温度分析等。

(20)源程序静态分析系统　　设计一个某种语言(如汇编语言、Pascal 语言、Fortran语言、C 语言等)的静态分析系统,该系统可将可读性较差的源程序转换成格式规范的、可读性良好的程序,并在源程序中增加适当的注释,能输出源程序的结构化流程图或 N-S 图。

（21）小型运动会管理系统　设计一个小型运动会（如校运会等）管理系统。该系统的主要功能有报名、运动员编号、安排比赛日程和场地、打印秩序册、登记成绩、公布成绩、计算个人及团体积分、历届运动会查询等。该系统要有良好的人机界面,在设计算法时要考虑处理速度、报名限制、比赛规则、项目冲突等。

（22）库存管理系统　设计一个库存管理系统。该系统的主要功能包括物资的入库、出库,对库存物资进行分类统计,对各种原始数据、库存情况、入/出库情况、账目等的查询,修改有关内容,打印统计报表等（月入库/出库表、挂账表、领料人员表、物资库存表、日材料入库/出库单、费用报销表等）。

（23）财务管理系统*　针对某个单位设计一个财务管理系统。该系统的主要功能有记账、结账、查账、银行对账、预算经费的计算与控制、报销查询、借款报销管理、年底结转建新账以及工资管理等,系统应能产生并输出各种账簿、日报、月报、季报、年报、借款单、报销单、查询单、工资报表/工资单等。

（24）大型百货商场（超市）管理系统*　设计一个大型百货商场（或超市）信息管理系统。该系统的主要功能有商品管理、员工管理、工资管理、财务管理、库存管理、市场预测等,参照（3）、（4）、（5）、（22）及（23）的要求。

（25）旅店客房管理系统　设计一个旅店客房管理系统。主要功能有租房、换房、加房、加床,找空房或空床,预定房/床,查询房源及承办旅游、会议情况,按国名、团体名、会议名、人名或房号查询找人,输出各种报表（日、月住房情况,旅客到达、离开情况）,飞机、火车、汽车、轮船的班/车/航次时刻表查询,旅游路线查询等。

（26）大学报刊订阅管理系统　设计一个大学报刊订阅管理系统,该系统可实现报刊的预订和发放管理。主要功能:可按类别、出版地检索全国各种报刊的名称、刊号、发行周期及定价,可按单位、班级或个人预定、收款,订阅后可按单位、班级或刊物名称汇总并输出统计报表。发放管理主要包括刊物及重要报纸的发放登记,可随时查询历史发放情况（如是否有未发、漏发或未到等）。

（27）研究生招生管理系统*　设计一个研究生招生管理系统,该系统可实现各种数据、报表（如考生登记表、报名表、体检表、政审表、考试成绩等）的录入、查询、统计及输出功能,该系统在输入原始数据并建立数据库后,可按需要打印出以下各种报表。

各系、各学科专业名称表;各系、各学科计划招生人数、报名人数、考生平均年龄、党团员数、女考生数、考生来源、不同学历、外语语种统计表等;各省、市报名人数统计表;各系、各学科及全校考生按年龄人数统计表;各考生考试成绩通知单;应届毕业生及分科平均成绩统计表;考生平均成绩比较表;各系、各学科考生成绩统计表（按考生的平均成绩的高低排序,并按不同录取标准打印出标记）;全校、各系、各学科考生平均年龄、已婚考生、五门课（或四门、三门）平均成绩及过线人数统计表;全校、各系、各学科各科成绩按分数线和分数段统计表;各语种外语成绩按分数线和分数段统计表;全校考生按平均成绩排序表;参加复试名单表;各系、各学科计划招生人数、报名人数和实际录取人数一览表;新生一览（包括学号、姓名、性别、专业、导师、政治面目、婚否、培养方式、来源、委培定向单位和备注等）。

（28）火力发电厂生产日报管理系统　每个发电厂都有若干发电机组,以两个机组的火力发电厂为例,其生产日报主要内容、格式及每个表格数据项的简要说明如表 2-1 所示。

表 2-1　×××发电厂生产日报表

项目	单位	1号机	2号机	全厂	月累计	年累计	月计划	年计划	负荷曲线（万千瓦）
发电量	万千瓦时	底码计算	底码计算	两机之和	本月全厂之和	本年月累计计和	来自本月计划表	来自本年计划表	
上网电量	万千瓦时	底码计算	底码计算	两机之和	本月全厂之和	本年月累计和	来自本月计划表	来自本年计划表	
厂用电量	万千瓦时	底码计算	底码计算	两机之和	本月全厂之和	本年月累计和	来自本月计划表	来自本年计划表	
厂用电率	%	本项厂用电量/本项发电量	算法同左	算法同左	算法同左	算法同左	来自本月计划表	来自本年计划表	
标准煤量	吨	本项煤折算＋本项油折算量	算法同左	算法同左	算法同左	算法同左	来自本月计划表	来自本年计划表	
煤折标煤量	吨	天然煤量×入炉煤热量/29308	算法同左	两机之和	本月全厂之和	本年月累计和	来自本月计划表	来自本年计划表	
油折标煤量	吨	（燃油量×10)/7	算法同左	两机之和	本月全厂之和	本年月累计和	来自本月计划表	来自本年计划表	
发电煤耗率	克/千瓦时	煤折标煤量/发电量	算法同左	算法同左	算法同左	算法同左	来自本月计划表	来自本年计划表	
供电煤耗率	克/千瓦时	煤折标煤量/上网电量	算法同左	算法同左	算法同左	算法同左	来自本月计划表	来自本年计划表	
天然煤量	吨	底码计算	底码计算	两机之和	本月全厂之和	本年月累计和	来自本月计划表	来自本年计划表	
天然煤率	%	天然煤量/发电量	算法同左	算法同左	算法同左	算法同左	来自本月计划表	来自本年计划表	
最大负荷	万千瓦	从实时数据库采集	方式同左	方式同左	本月全厂最大	本年全厂最大	来自本月计划表	来自本年计划表	
最小负荷	万千瓦	从实时数据库采集	方式同左	方式同左	本月全厂最小	本年全厂最小	来自本月计划表	来自本年计划表	
负荷率	%	平均负荷/最大负荷	算法同左	算法同左	算法同左	算法同左	来自本月计划表	来自本年计划表	
平均负荷	万千瓦	发电量/运行小时	算法同左	算法同左	算法同左	算法同左	来自本月计划表	来自本年计划表	
可调小时	小时	专工输入	专工输入	两机和之半	本月全厂之和	本年月累计和	来自本月计划表	来自本年计划表	
利用小时	小时	发电量/35	算法同左	两机之和	本月全厂之和	本年月累计和	来自本月计划表	来自本年计划表	
燃油量	吨	底码计算	底码计算	两机之和	本月全厂之和	本年月累计和	来自本月计划表	来自本年计划表	
补水率	%	底码计算	底码计算	两机之和	两机之和	两机之和	来自本月计划表	来自本年计划表	

设计一个火力发电厂生产日报管理系统,实现生产日报数据的录入、采集、修改、生产日报的查询和输出功能。

(29) 发电厂综合管理系统** 设计一个发电厂综合管理系统。该系统的主要功能有月生产计划管理,年生产计划管理,年度工作计划管理,生产日报管理,生产月报管理,生产季报管理,统计年报管理,合同管理,更改工程项目申请、汇总、完成情况管理,更改材料计划管理,固定资产购置申请、汇总管理,科技进步奖金发放管理,技术改造、合理化建议奖金发放管理,计量管理,环保管理,节能管理,设备管理,缺陷管理,物资、仓库管理等。可参照(12)、(22)及(28)的要求。

(30) 县长办公系统** 设计一个县长办公系统,该系统应能满足县长的日常工作的需要,主要可包括以下子系统:领导干部配备、干部名册管理子系统,乡镇村落三级管理子系统,行政区划、资源管理子系统,公文管理子系统,文件起草、发放、印刷管理子系统,大事记录、分析、提醒子系统,总体规划、决策、分析子系统,人口子系统,经济指标、社会指标预测、评价子系统,教科文卫管理子系统。

(31) 电量短信查询系统* 近年来,随着无线接入技术的迅猛发展,手机迅速普及,而手机短信由于具有实时性强、成本低廉等特点,成为公众生活中不可缺少的信息传输手段。在电力客户服务中采用短信方式直接将电费、政策等信息发送给客户,对提高客服质量具有重要的现实意义。设计并实现一个电量短信查询系统,实现电费查询、意见投诉、用电申请等信息查询功能。针对不同的群体有选择地给用户提供日常工作、生活信息的订阅内容,包括电力单位招标、采购信息、电力政策等方面的信息订阅。要求实现系统与用户管理、电费信息管理、订阅信息管理以及短消息发送与管理等功能。

(32) 电力设备故障短信告警系统** 手机的短信服务具有方便、经济、快捷、高效、准确的优势特点,将其应用于电力设备故障短信告警系统,通过 SMI 卡接入 GSM 移动网络,按照移动公司的短消息资费标准付费,无须再对无线通信网络进行维护,这种利用网组建专网的监测方法不仅省去了铺设网络线路的麻烦,而且具有投资少、维护量小和成本低的特点。设计并实现一个电力设备故障短信告警系统,将电力系统中的变压器、线路以及开关等设备的告警信息通过 GSM 短消息方式发送给工作人员,使工作人员可以及时了解设备的异常状态,以便快速地做出处理。要求实现系统账户管理、系统设置管理、通讯录管理、设备告警短信库管理、设备告警信息发布管理等功能。

(33) 基于 GPRS 的小区物业管理系统** GPRS 是一项高速数据处理的技术,它在许多方面都具有显著的优势。开发一套能够为用户提供规范化的事务管理、充足的信息和快捷的查询手段的物业管理系统,该系统应能在一台电脑上输入信息,在另一台电脑上显示所要查询的信息。系统可基于. NET 环境,使用面向对象 C♯语言开发,数据库使用 Access,并应用串口通信及 IP 通信技术。

(34) 城市集中供热热网监控中心系统** 城市集中供热的发展水平已被公认是衡量一个城市现代化的标志,而集中供热管理水平的亟待提高制约着集中供热技术的发展,成为集中供热事业发展的瓶颈。城市集中供热热网监控中心系统是城市集中供热热网监控系统的一部分,它与前端采集和数据传输模块合并成为完整的供热监控系统,以完成调节热网平衡,通过科学调节热源供热量,实现全网的合理供热。监控中心由服务器和工作站组成,主要完成数据采集、数据存储、运行状态显示、控制操作指令的下发、报警管理、网络发布及热网运行分析管理等功能。城市集中供热热网监控中心系统需要实现的功能有:监控中心与热力站之间的数据采集和控制指令的发送、数据库管理、人机界面交互、报警事件处理、水利工况分析、供热负荷预测、热网运行的调度、热网参数查询与显示等。

(35)电力设备状态移动查询系统** 传统的调度自动化系统受到运行人员和管理人员观察方式的制约,无法随时随地获取电网的实时数据与历史数据。近年来,智能手机的应用发展很快,使用智能手机可以显示表示电网运行状态的小型数据报表、电网接线示意图、负荷曲线、文字数据列表等,电力调度有关人员可以随时随地查看更多的电力调度生产管理信息。设计并实现一个基于 Windows Mobile 的电力设备状态移动查询系统,利用基于 Windows Mobile 的智能手机可以实时查询母线、线路、变压器和开关等关键电力设备的状态以及电流、电压、有功和无功等实时数据,数据的展现方式包括表格、曲线和 SCADA 监控界面截屏,可以使监视人员获取及时的电网实时数据。

(36)高校在线心理咨询平台** 随着社会发展的进步和社会层次化差异的加剧,高校学生的个性差异日益加大。而高校学生在适应新环境、正确地认识自己、建立自信、学业受挫、情感处理等诸多问题面前容易诱发心理问题。高校在线心理咨询平台可基于高校网络设施较好、学生电脑应用能力相对较高的基本事实构建。高校在线咨询平台应具备保密性强、使用高效快捷、自动报警等特点,主要含有咨询会员管理、心理咨询师管理、在线自助测试、在线咨询、在线预约、在线查询、在线评价和反馈、案例介绍和讨论、心理测试题库管理、心理咨询档案管理等模块。咨询平台可以为单一学生服务,也可以同时为一批学生集中提供心理测试。系统达到的基本目标:符合心理咨询的保密原则;便于建立平等轻松的咨询访问关系,咨询者可以自由选择自己喜欢的咨询师;使用方便快捷;易于咨询方和心理师思考分析;易于存储和查询病历。

(37)发电厂员工绩效考核后台管理系统* 发电厂机组运行状况以及运行人员的运行水平如何,需要用一定的尺度进行衡量,绩效考核系统根据考核规则,对选定的重点考核指标进行评估打分,为运行人员的量化考核提供依据。该系统的功能包括考核指标库及成绩库管理、考核规则库管理(从相应的规则库中提取规则,调用相应的处理算法计算考核分数)、配置管理(包括倒班表的配置管理、并确定当前时间段内的当值班组)、用户分级管理、绩效成绩的评估和发布、查询及统计等部分。

(38)停电短信通报系统** 利用手机方便、快捷的特点,设计并实现一个停电短信通报系统,在电网事故或异常情况下及时发送短信信息告知用户。该系统可产生某日或某段时间所要停电的配变名称,提取所有停电配变下隶属的用户,利用短信平台实时或定时将停电信息发送给用户,更好地为客户提供优质服务。该系统能够对发送的短信进行结果查看,还能实现群发、定制发送(按时、按组、按事件)等发送,并具有用户管理、停电配变管理以及短信管理等功能。

(39)基于移动通信平台的商场打折信息发布系统 设计并实现一个基于移动通信平台的商场打折信息发布系统,该系统的主要功能包括:短信查询和发布打折信息,用户和商家交互,商品成本核算,商品比较和查询。

(40)在线考试系统 采用 UML 建模,设计实现一个在线考试系统。将试题和答案均放到服务器上,学生通过注册和登录取得考试资格,学生可选择自己的考试,进行抽卷答题,并实现自动计时功能,到时交卷,由系统评分。

(41)电力调度指挥管理系统*　电力调度指挥管理系统是基于信息管理系统附加短信收发模块功能的系统,是一个C/S结构的信息管理系统。它主要包括后台数据库的建立和维护以及客户端、服务器端应用程序的开发。对于前者要求数据一致性和完整性强以及数据安全性好。对于客户端程序开发只要做好对数据库信息的维护。对于服务器端则要分析数据库中的信息,把符合条件的信息编码以短消息的形式发送出去,并定时接收短信息。该系统可将调度自动化系统采集的各种事故信号以短信的方式发送到指定的手机上,第一时间将故障情况通知相关负责人,实现自动报警提醒。设计并实现一个电力调度指挥管理系统,该系统包括信息接收处理、信息自动通知、任务下达管理、信息查询功能,并应具有电网调度安全运行管理中的用户登录注册、系统更改密码等功能。

(42)基于传输控制协议的数据传输系统*　随着计算机网络技术的不断发展,网络数据传输作为一种重要的信息交流和通讯方式,受到越来越多网民的青睐,并成为人们日常生活中不可或缺的一部分。设计并实现一个基于传输控制协议的数据传输系统,该系统主要包括数据传输服务器程序和数据传输客户程序两个部分,服务器能读取、转发客户端发来的信息和文件,客户端通过与服务器建立连接,可以进行客户端与客户端之间的信息发送和文件传输。该系统应具有文字聊天、文件传输、语音聊天等功能,还应能适合企业、公司内部网络使用,具有人性化的发送和接收界面以及允许发送和接收随时中断并进行断点续传。

(43)基于XML的电子商务系统*　近年来,随着互联网技术的发展,电子商务也得到迅速地发展。网上购物因具有不受时间、空间的限制,品种丰富,价格与实体店相比更加合理的优点,深受网民欢迎。随着电子商务的发展,商务系统需要有互相整合的能力,XML因其内容与形式的分离及良好的可扩展性,在电子商务应用中具有极强的优势,它是一种很有前途的技术规范。运用XML、Web等相关技术,设计并实现一个基于XML的电子商务系统,实现数据的安全高效流动。该系统能实现XML数据的存储与检索和XML与数据库的转换,具有电子商务网站的功能。

(44)变电站巡检任务管理系统　为了准确掌握变电设备的运行情况,对变电站设备,特别是对无人值守的变电站设备,利用高科技、自动化手段进行设备巡视,并将巡视数据作为巡检管理系统中设备状态检修、设备缺陷管理和设备性能动态分析的基础数据。设计并实现一个变电站巡检任务管理系统,它能够帮助变电站工作人员方便地管理信息记录,能及时检测出设备隐患,有效避免故障。变电站巡检任务管理系统应具有变电站巡检作业任务标准化指导,变电工作票处理、查询以及系统登录注册、系统更改密码的功能。

(45)基于ASP.NET的企业内部邮件系统*　设计并实现一个基于ASP.NET的局域网内部邮件系统,该内部邮件系统可采用B/S结构,以Visual Studio.NET 2005为开发工具,使用SQL2005数据库,结合HTML、ASP.NET和C♯语言来完成系统的开发。该系统主要由管理模块和用户模块组成,其中管理模块由管理员登录模块、管理员用户管理模块和管理员系统设置模块组成。用户模块由用户注册模块、用户登录模块、用户撰写发送邮件模块、用户收件箱管理模块以及用户通信录管理模块组成。通讯录管理模块能对员工分组管理,当用户想要给对方发送邮件时可以通过该分组直接找到对方的邮箱地址,系统在实现用户间邮件的发送和接收时,同时支持附件和图片的收发,可以对已收到和已发送的邮件进行查阅,删除过期或废弃邮件,具有个人信息管理的功能。

(46) 风电场运行信息管理系统 设计并实现一个基于风电场实时监控系统数据库的风电场运行信息管理系统,主要实现风电场运行实时数据的分析、对比与管理的功能。用户可以查询风场风机的实时数据信息,也可以查看历史数据信息、故障信息等,并将对发电量、风速等相关数据的对比显示为二维坐标图。还可以对单台风场或单台风机形成数据报表,并可导出 Excel 表,以便查询和保存。系统应包括的功能:风机、风场信息的录入、修改、删除,实时数据、故障信息的条件查询功能,添加、编辑、删除管理员、操作员等权限,显示实时数据。

(47) 基于 B/S 模式的文献检索系统 开发基于 B/S 模式的文献检索系统,通过网页浏览器检索和查看各种文献,减少办公室人员和图书馆的来往次数,更好地为科研人员提供各种文献信息服务,有助于科研工作的开展。该系统应实现如下功能:用户登录及身份验证;文献检索,能够按照题目、关键词、作者、刊名、出版社、出版年份、期卷号、分类号以及资金资助等进行单条件查询和多条件查询,能进行模糊查询;文献的上传和下载;后台管理,包括系统管理、用户管理、文献资料的分类管理、留言管理等。该系统可以分别通过添加、浏览、编辑、删除、更新、备份等功能对其进行各项管理。

(48) 基于 Web 的用电信息查询系统* 采用 ASP. NET 技术,实现基于 Web 的用电信息查询系统,系统应实现如下功能:实现对用户用电信息(如电压、电流、功率、电度)等的查询和统计,查询到的数据可以分页显示,并能导入到 Excel 中;实现对不同线路、用户日、月用电量的统计查询,并能够绘制其用电量的柱状图;实现对用户权限分配、数据库备份等常用的系统维护的功能。

(49) 烟气分析系统 设计并实现一个烟气分析系统,该系统可应用于工厂烟气排放实时监测,为生产运行和环保管理部门提供基础数据。该系统通过现场的各种仪表实时监测采集数据,并将数据处理结果传送至管理部门。通过该系统,可以方便地对烟气中二氧化碳、氮氧化物、颗粒物等的排放量、排放率进行实时监测,显示和打印各种参数和图表,并通过设置报警信息提示管理人员进行信息的确认和故障的修复。该系统还可对数据进行趋势分析,通过这种分析能使管理人员更好地掌握生产运行情况,以便对工厂的生产状况进行运作。

(50) 基于 B/S 模式的风电场安全培训管理系统 风电场培训考核工作是对生产一线职工进行技能培训、预防事故发生、提高处理突发事故能力的重要手段。设计并实现一个基于 B/S 模式的风电场安全培训管理系统,该系统具有登录、系统管理、题库管理、在线培训、在线考试、统计分析、上传下载和留言等功能模块。用户登录系统后可进行风电场安全知识考试、下载有用资料、给管理员留言。

(51) 风电场运行故障警报系统** 风电场运行故障警报系统属于风电场中央监控系统的一部分,其功能的实现需建立在风电场中央监控系统采集模块的基础之上。选择该题目首先要熟悉 Microsoft Visual Studio 2008 开发环境,学习 C♯ 语言语法,掌握 C/S 模式以及多线程网络编程的思想,理解多线程网络编程和 TCP/IP 通信协议,并应用 Visual

Studio 2008 实现对 SQL Server 2005 数据库进行数据互联,在已有的风机实时数据远程采集软件的基础上,进行监控终端对风机数据的实时监控及运行故障警报系统的设计与实现。该系统应能利用已有软件实现实时数据的模拟、采集、处理和存储的功能;能实时地对风机数据进行分析对比,及时发现风机故障并向操作人员告警。该系统包含中央服务器(Server)和客户端(Client)两大部分。中央服务器端完成将实时数据采集端采集到的数据进行分析处理、向数据库中插入实时数据、实时故障报警等功能;客户端分为系统、监控、查询与统计三大功能模块。该系统模块实现风电场运行故障警报系统的初始化、系统配置、数据库配置等功能;监控模块实现风机实时监控、故障警报、故障处理以及多台风机实时数据对比等功能;查询与统计模块实现历史数据的查询和导出等功能。

(52) 电量缴费提醒系统*　　由于短消息具有业务方便可靠的优点,因而越来越多的用户开始使用这种业务。目前,电力系统利用这一业务特性来为电费回收服务,实现自动化信息化的电量缴费提醒。电量缴费提醒系统是一个信息发送系统,该系统要求建立起一个数据一致性和完整性强、安全性好的数据库,主要包括后台数据库的建立和维护以及前台应用程序的开发两个方面。系统前台应用软件可采用 VC++ 开发,后台采用 SQL Server 2005 数据库管理系统进行管理。实现的主要功能包括操作人员登录、用电用户信息查询、用电用户信息添加、催费短信息发送和短信息管理等。

(53) 基于 GIS 的水资源管理系统*　　地理信息是水文水资源的重要基础信息之一,85% 以上的水文信息都跟地理信息相关。开发一个基于 GIS 的水资源管理系统,该系统包括数据输入系统、数据存储和检索系统、数据处理和分析系统和数据输出系统四个子系统。数据输入系统完成采集、预处理和数据转换的功能。数据存储和检索系统完成组织和管理空间数据和属性数据的功能,以便数据查询和编辑。数据处理和分析系统完成对系统中的数据进行各种分析计算的功能,如数据的集成分析、参数估计、空间拓扑和网络分析。输出系统实现以表格、图形或地形的形式输出的功能,输出方式有屏幕输出和硬拷贝输出。

(54) 基于.NET 平台的邮件收发系统　　电子邮件服务作为信息沟通的重要方式和手段,以其快速、方便等特点成为互联网上最重要的应用之一。设计并实现一个电子邮件系统,该系统可以使用户方便地管理电子邮件,用户只需要打开浏览器就可以轻松地收发邮件。建议学习 SMTP(Simple Mail Transfer Protocol,简单邮件传输协议)、POP3(Post Office Protocol,邮局协议)以及 ASP.NET 编程技术,该系统主要运用的软件有 SQL Server 2005 和 Visual Studio 2005,在.NET 平台下,利用 ASP.NET 编程来实现邮件的各种功能,该系统主要支持用户的身份验证,用户只有通过正确注册后才能进入该系统。用户在系统中可以查看自己的邮件,也可以发送邮件到任意的邮箱,发邮件的时候可以进行附件的发送。

(55) 基于 Windows Mobile 的公交移动查询系统　　设计并实现一个基于 Windows Mobile 的城市公交移动查询系统。系统应考虑公交运营的实际情况和不同公交乘客的实际要求,主要包括三个模块:线路查询模块,包括按线路查询、按站点查询、按两站点查询以及模糊查询;管理更新模块,包括公交站点管理和公交线路管理;咨询服务模块,包括各线路沿途单位、医疗机构、学校及特色、风光、餐饮、文化设施、旅游景点及门票价格等。

(56) 基于 B/S 模式的网上办公系统** 针对中小企业网上办公的需要,设计并实现一个基于 B/S 模式的网上办公系统,该系统主要包括后台数据库的建立和维护以及前端应用程序。要求建立数据一致性和完整性强、数据安全性好的数据库。该系统可采用 SQL Server 2000 结合 ASP. NET 以及 Javascript 技术,利用基于 Web 的开发工具与数据库开发工具,实现基于 B/S 的网上办公系统的各项功能,包括用户管理模块、个人考勤模块、工作计划模块、公文处理模块、通讯录和内部邮件模块等。

(57) 基于无线传感器网络技术的环境监测系统 无线传感器网络技术综合了传感器技术、嵌入式计算技术、通信技术、分布式信息处理技术、微电子制造技术和软件工程技术,能够实时感知、采集、传输和处理网络监控区域内各种环境或监测对象的信息,该技术具有成本低、功耗小、机动性好、易实现的特点,它在工业、环境、太空、智能家居、军事等众多领域具有巨大的应用价值。基于无线传感器网络技术的环境监测系统可实时监测环境变化,并将监测信息由终端结点发送到用户结点。设计并实现该监测系统的监控中心管理系统,监控中心管理系统主要包括监控管理和数据库操作,能实现用户登录、数据的查询及图表显示、报警处理、系统故障处理等功能。

(58) 基于 GSM/GPRS 的远程设备状态监控系统** 随着电子技术和通信技术的发展,在实际的工业生产过程中,经常需要对一些分散、移动和远距离无人值守等作业点进行监视,监控中心除了需要对作业点的工作参数进行监视外还要对作业点的控制设备发送控制命令,实现远程控制。传统的方法是采用有线或无线专网控制系统,这两种系统均需要专用通信设备,建设投资大、维护费用高。设计一个基于 GSM/GPRS 的远程设备状态监控系统并实现软件功能,远程设备状态监控系统旨在对各种分布设施进行统一管理,实现集中监控,降低整个系统的维护成本,提高整个系统的运行效率,使其可以满足控制方式的多样性和灵活性。在现有的移动通讯网络覆盖的区域,利用该系统可以实现对现场设备状态监控的目的。当用户通过手机发送短信命令给监控中心时,系统会自动根据命令查找相应的设备状态信息转发给用户,当设备状态出现异常时,系统管理员可以将出现异常的设备信息群发给用户,使得用户能够及时掌握当前出现异常的设备信息,并对其做出迅速处理,从而减少损失。在露天场所、野外、移动作业环境或有线网络无法接入的地点建立数据采集与监控系统时,基于 GSM/GPRS 远程设备状态监控解决方案具有突出的优势。该系统由数据采集终端、监控中心和用户手机三部分组成,学生在软件工程课程设计中可完成整个系统,也可只针对监控中心设计并实现相关功能,例如完成通过短信猫发送和接收短消息以实现对现场设备进行远程监控,用户手机以短信命令的方式发送短消息到监控中心,监控中心根据接收到的短信命令,完成对应短信命令的设备状态的自动查询,并且同时完成自动填充接收当前设备状态的用户手机号码,将查询到的设备状态信息自动发送到用户的手机上,实现设备状态的自动查询和回复功能。具体可包括短信编码、短信解码以及短信发送与接收。

(59) 电力负荷控制中心信息管理系统 设计并实现一个电力负荷控制中心信息管理系统,该系统与通信网络、远程终端、电能表等共同组成电力负荷控制管理系统,远程控制终端负责数据采集和向主站传递数据,主站负责接收数据并对数据进行解析处理,根据处理结果进行电费管理、远程监控等操作。电力负荷控制中心信息管理系统主要实现对远程终端运行数据和电表数据的管理(远程抄表、实时/定时监测),电费管理,远方分闸、合闸控制等功能。该系统能实现功率定值控制、电量定值控制、警告报警和保存操作记录等功能。

(60) 基于安全 Web Services 的网上书店　网上书店电子商务网站是适应消费者消费方式转变的需要而出现的一种模式。而由于 Web 服务技术的出现,电子商务开始向动态电子商务演变,动态电子商务给电子商务带来更多动态实时的特性。应用 Web 服务,企业可以很容易地集成新的应用,连接各种各样的商务流程,方便地进行交易,这比简单地访问互联网上现有应用的第一代电子商务更有价值。设计并实现一个基于安全 Web Services 的网上书店,实现网上书店在线获得各出版社提供的一些服务。该系统可分为两部分:一是若干出版社对外界提供的 Web 服务,二是网上书店的后台部分通过 Web Services 将若干家出版社的应用实时集成。

(61) 纪检网上监督系统　纪检网上监督指的是请人民群众对纪检人员的管理、服务进行过程性的检查、监督和评价。在纪检人员管理的过程中,监督是整个管理体系中的重要一环。随着网络技术的迅速发展,通过网络发布与查询信息已经成为信息交流的一种重要形式,并逐渐被人们所接受。设计并实现一个纪检网上监督系统,该系统可实现基本的纪检网上监督功能,可以进行网上投诉与信息的管理。通过本系统的实现,可有效提高纪检监督效率和透明度,纪检部门可进一步加强对纪检工作的有效管理和信息发布。该系统主要功能有两个:①上网留言、投诉以及查询反馈意见。上网留言、投诉是该系统平台的主要功能之一,百姓可以在平台上进行注册登记,完成后便可进行留言、投诉(也可以匿名留言、投诉),此外,百姓还可对相关的回复进行查看或再留言,有助于进一步了解相关留言、投诉的动态;②留言、投诉以及来访者管理。平台管理员可以对留言、投诉进行编辑、置顶、审核以及删除等操作,同时对留言、投诉进行回复或者向领导反馈,还可以了解来访者的注册信息。该系统实现时可以使用以.NET 为编程环境、Access 为后台的数据库开发工具。

(62) 国际学术会议管理系统　目前,越来越多的信息在网上发布,会议信息发布是一项重要的发布内容。为使用户轻松获得更新更好的信息,每天的信息发布、更新都需要投入很大的人力和物力。设计并实现一个基于浏览器/服务器(Browser/Server)模式的国际学术会议管理系统,完成管理员、作者和评阅者等需要的各项功能。该系统的基本功能包括信息的分类浏览,版块管理,相关网站链接、添加、查询、修改和删除等。

(63) 保险公司网站后台管理系统　保险公司的官方网站是普通投资者接触保险公司产品和服务的重要渠道之一,其宗旨在于为广大保险人和被保险人提供最广泛的保险、金融、产业信息资讯,协同各专业子公司共同打造一个保险产品与金融服务的信息资讯与电子商务平台。设计并实现一个保险公司网站的后台管理系统,该系统可实现网站后台管理的基本要求,为使用者提供方便的信息添加、修改、删除和查询功能。该系统主要可由栏目管理、新闻管理、留言管理和用户管理四个部分以及相关文件/表格的下载功能组成。该系统允许用户顺利登录和登出,在后台管理系统中可以添加、删除、修改和控制前台所显示的栏目界面及栏目中的菜单。留言管理模块可以进行留言的回复和删除,并记录到数据库。新闻管理模块可以进行新闻的发布、修改、删除和授权要显示的新闻。

（64）教室人脸检测系统　设计并实现一个教室人脸检测系统,该系统通过对装设在教室中的摄像头采集来的图像进行分析处理,能够识别出图像中人脸的个数,从而确定教室内的人员数量,为到课考勤工作提供真实数据。该系统的核心技术是基于视频图像的人脸检测算法。

（65）基于 Web 的集邮管理系统　集邮的范围很广泛,它是一项以收集、研究以邮票为主的活动。集邮是一件有趣味的收藏活动,也是获取知识的途径,方寸小纸展示着博大精深的世界,从一个侧面反映了历史的进程。随着 Web 技术的发展,集邮也得到了科学快速的发展,集邮信息管理系统是邮政信息化的重要组成部分,也是推动传统集邮方式走向科学化、信息化的重要支撑。设计并实现一个基于 Web 的集邮管理系统,普通用户可通过互联网查询、拍卖邮品,管理人员可对该系统进行管理和维护。该系统主要包括邮品知识库管理、新邮预订管理、珍邮管理、邮品拍卖管理、集邮展览管理、集邮家管理、集邮联合会会员管理、集邮文献管理、邮品鉴定管理以及邮册管理十大功能。

（66）特定领域文物管理系统　针对特定领域,设计并实现一个文物管理系统。该系统主要实现在文物工作中对文物信息的管理,对文物挖掘工作中数据信息的汇总、分类等功能。该系统可分为文物信息管理模块、历史资料信息管理模块、发掘工作者信息管理模块和管理者信息管理模块。文物信息管理部分包括对文物信息进行管理和维护两大功能;历史资料信息管理模块可以提供查询发掘过程中所需要的相关历史资料,对资料进行补充和维护,可供工作人员查阅相关的历史资料,对发掘工作提供信息帮助;发掘工作者信息管理模块实现对发掘人员的信息管理的功能,可按专业、特长、业绩等对发掘人员进行分类管理,可以通过人员库中相应信息,完成对历次文物发掘工作进行资料汇集的工作,方便以后开展对比工作;管理者信息管理可以显示数据库中管理者的情况,可以对管理者工作及信息进行常规管理和维护。

（67）基于模糊集合理论的中医诊病系统　应用模糊数学解决中医诊病问题,通过熟悉疾病的中医诊断过程,建立基于模糊理论的数学模型,以解决中医诊病无法定量、定性的问题。设计并实现一个基于模糊集合理论的中医诊病系统,该系统实现的功能主要有:接收并记录病人描述的病症信息;根据病人的症候群运用模糊集合论的数学模型对病人的当前病情进行推理,并得出结论;根据推理得出的结论给病人制定初步的医疗治理方案;对于不能判断的症候给出提醒;该系统自己能对本身的信息库进行实时的更新,具有一定的学习功能。

（68）火电厂设备状态管理系统　该系统是火电厂设备状态检修系统的一部分。大型火电厂的设备有很多,如一次风机、送风机、引风机、磨煤机、空预器、炉水循环泵、燃烧器、汽轮机、高低压加热器、除氧器、凝汽器、凝结泵、油系统设备、主变压器、配电装置、电机、蓄电池、控制盘等,它包括的系统也有很多。设备与设备之间的耦合性、系统的复杂性以及设备在高温、高压、高速旋转的特殊工作环境下,这些决定了火电厂是一个高故障率和故障危害性很大的生产场所,这些故障都将造成重大的经济损失和社会后果。因此,通过先进的技术手段,对设备状态参数进行监测和分析,判断设备是否存在异常或故障,确定故障的部位和原因以及故障的劣化趋势,以确定合理检修时机是十分有必要的。火电厂设备状态检修涉及很多内容,可根据对火电厂的调研情况、熟悉程度,以火电厂设备状态检修管理系统为基础,先实现设备状态管理。该系统的功能包括设备状态管理、同类设备统计数据管理、综合费用统计管理、设备检修规则管理、工作人员记录信息管理等。该系统的主要功能为设备状态管理,其他为辅助功能。

(69)公用高速公路网站系统　设计并实现一个高速公路网站系统,该系统应具有以下功能:提供高速公路路况信息,包括实时流量、拥堵情况、是否有大型车辆等;提供实时和历史交通事故查询,查询当前是否有交通事故、事故的位置、是否已经处理;提供高速公路天气查询,恶劣路段的限制通行情况查询;提供各收费站位置查询,通行收费标准查询;提供加油站位置,行业所属,营业状况查询;提供目的地最短路径查询;提供服务区查询;提供进入大城市办理进城证(如进京证)的部门、位置及相关规定查询;提供公路编号、名称、位置、沿途经过地查询;提供桥梁及限制查询;提供高速公路车辆违规查询。

(70)基于 Web 的社区医疗保障系统　Web 社区医疗保障系统是社区卫生服务站、诊所使用的居民医疗信息管理软件。该系统的主要功能包括:社区信息档案管理,家庭信息档案管理,个人健康档案管理,特殊群体健康信息管理(妇女和儿童)以及常见病信息管理(高血压、糖尿病等),个人的体检档案、疾病跟踪、病历的管理,档案信息的综合查询与统计,数据维护工具(数据库的自动备份、自动修复、压缩、还原)等。该系统能够满足系统管理员、医生、社区居民、病人等不同的使用要求。该系统可分为用户管理和相应的档案信息管理两大部分,相应的档案信息与用户关联。每个用户都具有唯一的编号(不允许用户之间有重复的编号),此编号也是用户登录号。该系统根据编号和密码识别出不同的用户类型,各种档案中的用户信息也是以此编号为索引。用户的基本信息包括用户编号、密码、用户类型、用户姓名、性别、年龄、病史、婚姻状况等。

(71)大型专项体育竞赛管理系统*　开发一个专项体育比赛管理系统,实现比赛的自动化、信息化和安全化处理,为各代表团、官员和新闻记者等提供快速、准确的比赛信息。该系统包括初始数据处理、赛程编排、现场成绩处理、报表打印等功能。其中初始数据处理主要完成参赛运动员、裁判员和官员报名信息(如姓名、年龄、国家、参赛项目、级别等)的接收、保存的功能,为进行比赛、输出各种报表提供基本数据;赛程编排主要完成各阶段的分组、对阵形式的编排控制以及赛程的管理的功能;成绩处理则用于各场比赛信息的收集,例如,执法裁判名单和比赛中各种重要信息的输入、统计;报表打印主要完成各种报表(人员信息、赛程信息和成绩信息等)的打印输出的功能,便于各队了解比赛结果和积分情况,同时可利用提供的技术统计信息在后续比赛中调整采取的战术方案;系统维护主要完成用户管理、现场成绩信息修改、数据编辑、数据备份和数据恢复等功能。

(72)基于 Web 的社区信息化系统　设计并实现一个基于 Web 的社区信息化系统,该系统以向社区居民提供信息化服务为目的,能实时传输各种信息,并能对这些信息进行管理,实现网上信息传递和信息交流。该系统应具备社区新闻的发布与管理、社区论坛、留言板(居民建议)、社区活动公告的发布与管理以及制作社区相册等功能。

(73)高校教师职称评审辅助系统　高校教师职称评审的工作在高校中占有重要地位和作用,它是对教师工作的一个肯定,是教学工作正常进行的必要条件。为使教师职称评审工作逐步走上制度化、规范化、信息化、科学化的轨道,设计并实现一个高校教师职称评审辅助系统,该系统应包括以下主要功能:人员资料管理,评审标准(指标)管理,成果库管理,同类人员按不同指标单项排序及综合排序管理,客观评审管理。

(74)特定领域软件构件库查询系统*   设计并实现一个特定领域软件构件库查询系统,该系统是构件库系统的重要部分。构件库研究的重点是构件的分类与检索,即研究构件分类策略、组织模式、检索手段和构件相似性分析。在可复用构件库中存储、查询、获取构件是复用的关键技术之一。由于刻面由术语和刻面的值组成,所以构成基于刻面分类构件检索的三个必要元素为:按刻面分类对构件的描述,术语的同义词表(字典),同一刻面中不同术语的相似程度(用权重表示)。在分析和设计该系统时,应根据用户的类别合理安排刻面排列的顺序,提取用户需求形成待查询构件的术语描述。查询条件就是从刻面中选择的一个合法的术语描述。在构件库有很多构件,且有相似功能构件很多的情况下,单独使用刻面查询可能难以满足用户的需求,因此必须提供更多的、进一步的查询手段。对于一般的条件查询或用户根据属性的查询、模糊查询等,只要遵循一般的数据库记录查询标准即可。在可复用构件库中,由于构件来源多种多样,必然存在多个相似构件。无论是何种检索方式,检索出的往往都是一组相似构件,这就需要选出匹配程度最高的构件供用户选择。为此,可定量描述每个查询出的构件与需求的匹配程度,供用户选择。

(75)交通法规游戏学习软件   设计一个交通规则学习软件,为使枯燥的学习变得有趣,将其设计成游戏的形式,寓教于乐。所实现的系统要符合人的认知和学习规律。用户通过使用该系统可快速掌握交通法规,该系统也可用于进行驾照科目考试的训练。

(76)高校教师量化考核系统   高校教师考核是人事管理、师资队伍建设中的一项重要内容。设计并实现一个高校教师量化考核系统,该系统可按三层结构设计:院领导级、系领导级与普通用户级。根据用户级别的不同,提供不同的信息服务。院领导可以访问学院所有教师的任何信息;系领导可以访问本系教师的任何信息;普通用户只能访问本人的授权信息。在设计该系统时应考虑到三个方面的要求,一是针对性和通用性,该考核系统是针对高等院校教师考核而设计的,应具有高等院校的特点,尽量适用于高等院校的状况;二是灵活性和可移植性,在设计该系统时应考虑到各高校考核的侧重点有差异,该系统应能根据各高等院校自身的特点,提供修改指标体系及指标体系权重的功能,以满足不同高校在不同时期考核的需要;三是要有良好的用户界面和易操作性,在设计该系统时应考虑用户界面尽量统一,要易于使用,尽量减少用户的操作和录入,减少汉字输入。该系统应能自动生成科研、教学及综合考核表,能对考核结果排序,能按百分比要求自动给出考核成绩或结论。

(77)公民纳税咨询系统   设计并实现一个公民纳税咨询系统,该系统的作用是帮助纳税人查询我国各种税目的细则、税金金额,方便纳税人了解自己的纳税情况和税收的具体细则。该系统主要分为三个大的功能模块,即登录模块、普通用户模块和管理员模块。在登录模块中,不仅要能登录该系统还要有注册模块和数据验证功能。在注册模块里,要能在数据库中添加关于用户表的所有信息;普通用户模块包括查看个人信息模块、查询税收细则模块、查询税收金额模块、修改个人信息模块和修改个人密码模块。查看个人信息模块调用并显示当前登录用户在数据库中存储的个人信息。查询税收细则模块实现用户查看不同税种的税法细则和计算方法的功能。查询税收金额模块用于在不同税种中计算出相应的税收数值。修改个人信息模块用于用户修改数据库中相应行的相对数据信息;

修改个人密码模块用于对密码的管理;管理员模块包括查看全部用户信息模块和更改用户权限模块。

(78) 高校后勤服务综合管理系统　高校后勤管理工作在高校服务工作中发挥着重要的作用,可结合一个学校的实际情况,基于 Web 技术,以 B/S 模式设计并实现一个高校后勤管理系统,该系统的主要功能包括业务管理、人员管理、设备管理和系统管理。该系统要包括对数据库和数据的基本操作,如建库、查询、修改等。业务管理可分类别进行管理,如校办工厂、招待所、理发店、浴池、小卖部(超市)、电话室、收发室、锅炉房、快餐店、娱乐活动中心、礼堂、操场、火车售票点、车库等;人员管理功能主要包括后勤人员基本信息管理、工资管理、公寓信息管理以及电话资料管理等;设备管理包括设备的增加、删除,基本数据包括设备名称、型号、数量、生产日期、生产厂商、维修记录等;系统管理可包括用户身份验证以及其他安全性措施等。

(79) 公务员个人软件秘书系统　设计并实现一个公务员个人软件秘书系统,开发该系统的主要目的是为了方便公务员的日常工作,减小公务员的工作量,提高工作效率。该系统可以利用公务员日常工作使用的常用软件,增加需要的功能,设计成公务员可通用的软件秘书系统。公务员的日常工作主要分为以下几类:联系人信息的整理和查询、拟写各种文件、上传下达各种文件、填写各种报表、日程的安排和临时安排任务等。该系统应该满足上述几种功能。在此基础上可进行其他功能的扩展,在设计该系统时要考虑软件系统的可兼容性,不同领域及不同部门的公务员其职责是不同的,工作的内容及侧重点不同。

(80) 花卉常见病虫害咨询系统　设计并实现一个花卉常见病虫害咨询系统,该系统既是一个管理系统,同时又是一个包含一定知识的"专家系统",因而,要求认真分析研究相关知识,总结专家经验,建立知识库系统,并对知识库进行一般的管理。该系统基本要求:系统整体要一致;系统具有知识库的建立、修改、查询等功能;可实现常见花卉病虫害的诊治,给出治病方案,可进行模糊查询,可根据相关"症状",判断花卉的"健康状况";用户可在线学习常见花卉病虫害的诊治、防治知识;用户查询时既要有文字,也要有图片或动画演示;系统具有资料下载和上传功能。

(81) 花卉档案管理系统　该系统可与(80)合在一起构成"四季如春花卉管理系统",花卉档案管理系统是一个一般的管理系统,它应具有一般管理信息系统的功能。该系统应提供管理员后台登陆,大型骨干花卉网站的链接,相关花卉知识的查询、在线学习功能。在该系统中,用户可查阅出一年四季各个时段适宜生长的花卉、培育方式、开花期,管理方式,培育常识及花卉特性等。用户通过在线花卉知识的学习或相关问题的咨询,来控制花卉开花期。该系统还应具有花卉的买卖、转让、评估等功能。

(82) 基于 Web 的宾馆治安管理系统　设计并实现一个基于 Web 的宾馆治安管理系统,通过该系统,可自动完成犯罪信息的布控、比对、报警的功能。该系统的基本功能:对入住人员进行身份核对,与逃犯等通缉名单进行对照,实时报警,可按要求查询来访记录等;对旅馆数据库进行管理;对客房、旅馆设备、保卫人员进行管理;可预定,预留房间,显示房间价格、配置等情况;可查询房间状态;对监控录像资料进行管理。

(83) 视频监控信息管理系统　设计并实现一个视频监控信息管理系统,该系统可显示和存储序列图像,可对监控图像截取并保存,用户可对感兴趣视频片段进行存储。保存的视频片段可以用视频播放器进行播放,图片能正常打开和使用。

(84)基于Web的高校学术成果管理系统　高校学术成果管理是高校科技管理的一项重要工作,设计并实现一个基于Web的高校学术成果管理系统,该系统能实现成果和有关文件的查询、成果统计、成果登记,具有成果上传和文件下载功能;能对学术成果进行综合评价、排序;能为职称评定提供科学依据,该系统可按照职称评定量化标准自动生成符合条件的人选并给出按不同权重的排序,具体可参看(73)的功能要求;能根据某些指标体系自动评奖、打印获奖证书等。

(85)教学质量网络评测系统　教学质量评测已成为检验教师教学效果的重要方式,设计并实现一个教学质量网络评测系统,该系统应将用户分为学生、教师、教学督导组和管理员四类。学生可以在互联网上选课并对教师及其所教授的课程进行打分、留言;教师可以查看学生对自己的评教结果和留言,回答学生或督导组的留言,对其他同行的教学质量进行评估;教学督导组可对教师打分、留言,也可查看评教结果;管理员可以对学生以及教师同行评教的信息进行查询和统计,同时可以查看教师排行榜。可根据查询条件的不同显示不同的查询结果,同时也可根据统计要求显示不同的结果。

(86)基于GIS的人员追踪系统**　设计一个人员追踪系统,通过应用地理信息系统(GIS),配合通信技术以及数字地图,构建人员追踪系统的可视化平台,可以有效地监视和控制人员的情况,并及时跟踪人员状态的变化,将最新的数据显示在电子地图上;同时该系统也支持使用查询系统进行查询,以及对可能出现的情况予以必要的提醒,这对一些突发事件及时地进行判断和处理有很大的意义,对提高人员的信息化管理程度,增加对活动中的人员进行监视和控制能力都很有帮助。该系统应具备人员实时追踪、人员历史轨迹回放,电子地图的显示、浏览、查询等GIS功能和相应的管理功能。

(87)股票分析系统　开发一个股票分析系统,该系统包括账号管理及股票数据管理两大部分。股票数据管理部分应能接收、处理股市实时数据并能显示各种曲线,普通用户可查阅上市公司基本数据(上市时间、总股本、流通股、每股收益、市盈率、每股净资产、每股现金含量、每股未分配利润、净资产收益率、每股销售收入、每股资本公积金、净利润、历年分配情况、股东变化情况、行业排名),能导入导出数据,具有K线图显示功能。

(88)基于指纹识别技术的机房上机自动登记系统**　指纹识别技术是通过计算机实现的身份识别手段,也是当今应用最为广泛的生物特征识别技术。设计一个响应速度快、界面美观、功能完善的指纹识别上机系统,以提高上机管理的效率。该系统应包括学生信息管理模块、教师管理模块、学生指纹识别自动上机模块三部分。其中,学生指纹识别自动上机模块是该系统的重点和难点,要实现通过指纹采集器将指纹输入到数据库相关表中,并记录当前时间。学生信息管理模块要实现管理员对学生信息的基本操作以及管理。教师管理模块实现教师设置上机任务,并对学生上机情况进行管理等功能。

(89)基于ASP.NET和Web数据库的网络检索系统　随着网络技术的飞速发展和广泛应用,网络检索技术也在不断地发展变化,设计并实现一个基于ASP.NET和Web数据库的网络检索系统,用户可以使用该系统选择搜索图书、电影、音乐和学校的信息,用户可以输入想要查询的内容,进行模糊搜索,也可通过高级搜索查询,高级搜索是通过增加查询的条件,排除用户不想要的信息,从而能更加精确地检索出用户需求的信息。该系统会根据用户输入的信息在数据库里检索一致或类似的内容并将这些内容显示在网页上供用户查找。在所检索出的内容中,用户可以查看相应的详细信息,并可以下载书籍、电影、音乐等自己需要的信息。在信息被下载后,系统会记录此信息的下载量,并将下载量由高到低排序,网站内还有一些站内推荐的信息,用户通过下载量的排行和站内推荐可以了解哪些信息相对比较热门,从而更加快捷方便的帮助用户找到要找的信息。

(90) 风电场运行数据采集及远传系统 设计一个风电场运行数据采集及远传系统,该系统可将风电场中各风机运行实时数据进行远程实时采集、分析,并将数据写入数据库中。通过对风电场风机运行数据实时采集,并供给监控人员查看,可对风机运行实时状态进行实时监控,提高风机运行的可靠性,通过对风机实时运行参数分析并控制风机,达到有效利用风能发电的目的。

(91) 通信网模拟培训后台系统* 设计一个基于 B/S 结构的通信网模拟培训后台系统,该系统可模拟电力通信系统实际操作过程中可能遇到的电源和通信故障,用户通过该系统能够感受到与实际情况相符的环境,通过反复排查和解决模拟的各种不同故障,达到培训的目的。用户在接受培训过程中,不必在专门的培训机构中接受培训,只要有一台可以连接 Internet 的计算机,即可实现通信网的模拟培训。当培训机构主机打开培训系统的情况下,在任意可以连接 Internet 的电脑 IE 浏览器中输入专门的培训后台地址,即可连接到培训的主页。用户输入所添加的用户名和密码,即可登录到培训后台界面。培训后台界面应包括用户角色管理、用户管理、数据库配置、电源信息配置、故障设置、故障信息查看、退出系统和帮助八个模块,用户可在用户角色管理模块中添加具有全部或部分权限的管理身份;在用户管理模块添加所需管理员及其所拥有的权限;在数据库配置模块对所指定服务器上的数据库进行链接;在电源信息配置模块输入电源名称,电源类型和 IP 地址即可更新电源;在故障设置模块可以对所需仿真模拟的电源进行故障设置;在故障信息查看模块可以对所选择的故障电源产生故障以及故障结束的时间进行查看;退出系统可以退出当前的管理员身份;帮助模块给出系统的操作和使用说明。

(92) 基于模板匹配的手写数字识别系统 模式识别已广泛应用于人工智能、机器人、系统控制、遥感数据分析、生物医学工程、军事目标识别等领域,图像模式识别是模式识别中的重要内容。图像识别的目的在于用计算机自动处理某些信息系统,去代替人完成图像分类及辨识的任务。手写数字的识别方法有很多,它是模式识别的应用,设计并实现一个系统,采用模板匹配分类法来识别手写数字,该系统可以正确提取一个位图文件的基本信息,并提取出该数字的特征,可以与样品库中的数字特征比较以判别它的类别,也可将提取的特征作为某个数字的一个样品,保存至样品库。该系统应具有学习功能并应能适应不同人的手写数字习惯。

(93) 大型餐厅管理系统 设计并实现一个大型餐厅管理系统,该系统可包括订餐管理、菜食谱管理、食品管理、原材料进出库管理、餐厅人员(工资、人事等)管理和资金核算管理等功能。

(94) 大学食堂综合管理系统** 设计并实现一个大学食堂综合管理系统,该系统可包括刷卡子系统、物流管理及配送子系统、人事管理子系统、薪金管理子系统、公告板管理子系统、各食堂/班组绩效管理子系统、库存管理子系统、数据库管理子系统等。在分析和设计该系统时要考虑到大学可能有多个校区和多个食堂,同时有成千上万人刷卡、就餐,该系统的使用界面要简单、便于操作。相关子系统可参照(3)、(4)、(5)、(22)及(93)的功能要求。

(95)电网公司经营风险评价系统   在电力市场环境下,电力市场化改革在给电网企业带来机会的同时也带来了一系列的风险。由于电网公司经营风险在不同的时期有所不同,涉及其经营中的多个方面,具有很强的社会性和综合性,因此风险指标体系及权重都会发生变化。设计并实现一个电网公司经营风险评价系统,通过该系统可辅助建立电网公司经营风险评价指标体系,并利用层次分析法确定各个评价指标的权重,权重经筛选确定后,将模糊综合评价法引入电网公司经营风险评价中,对其进行综合评价。该系统实现的主要功能包括专家和管理员的登录,专家对各级指标的排序,专家对各级指标的权重计算和对不符合条件的权重进行反馈,专家对指标的模糊综合评价(可在线多人评价),风险评价结果的显示及调用 Excel 输出结果,修改密码,管理员可对专家添加和删除、对风险指标进行管理等。

(96)精品课程评估系统   精品课程建设是高校质量工程的重要内容,设计并实现一个精品课程评估系统,该系统可帮助用户根据各级指标体系评出分数,依据总分计算方法算出课程总分以判断所评课程是否达到精品课的标准。该系统应具有国家级、省市级、校级精品课程指标体系查询,申报条件查询,申报限额查询,申报办法查询,评审指标查询,客观评审,主观评审,得分范围(主观评审分别取最低值和最高值)提示,相关文件管理(各级精品课程管理办法、相关网站的链接等)以及自评报告辅助生成等功能,对于达不到的指标给出排序后的改进建议。

(97)静态人脸识别系统   由于生物特征是人的内在属性,具有很强的自身稳定性和个体差异性,因此它是身份验证的理想依据。相比其他生物特征,利用人脸特征是最自然直接的识别手段,易于为用户接受。设计并实现一个静态图像人脸识别系统,该系统的主要功能包括打开、显示和保存常见格式的人脸图像,浏览库中的人脸图像,对给定的人脸图像进行归一化并提取其特征,对指定的人脸图像根据最近邻算法较准确地找出库中与之最相似的人脸。

(98)科技论文标准格式检查系统   设计并实现一个科技论文标准格式检查系统,该系统也可用于毕业设计论文或学位论文的格式检查,检查内容包括是否有缺漏项,页面设置是否符合要求,行距、字距是否符合要求,各级标题字数、字体、字型是否符合要求,公式、图、表尺寸、格式及引用是否符合要求,各章节所占比例是否合理,参考文献的格式及引用是否规范等,用户可增加检查项目。

(99)基于 B/S 模式的企业物流配送系统**   企业物流配送系统是以第三方物流为核心的物流管理和配送信息系统。所谓的第三方物流企业是指物流的供应方与需求方以外的第三方物流企业,它是专门进行物流配送服务的企业。合理控制生产计划、控制生产物流节奏、压缩库存、降低成本、合理调度运输和搬运设备,使企业内部物流顺畅,这些都依赖于及时、准确的物流信息。在企业外部,原材料供应市场和产品销售市场的信息业是组织企业物流活动的依据。开发一个基于 B/S 模式的企业物流配送系统,该系统应实现对物流配送活动各主要环节的管理功能,包括采购管理模块、仓库管理模块、配送管理模块、订单管理模块、客户管理模块、财务管理模块、报表管理模块等。另外还有客户订货网页,客户(即需求方)登录该物流企业主页查询货物目录及价格清单,进而向物流配送企业下订单,也可修改自身信息和订单信息。该系统能够对物流配送的整个过程进行管理和监控,以加强对资金、人员、车辆等方面的管理,促进企业物流整体效益的提高。该系统应达到的目标如下。

① 可以减轻物流配送企业员工的工作强度。在传统的手工作业条件下,对各类档案数据如员工档案、客户资料档案、客户订单资料、运输工具记录簿等的使用和保存需要耗费大量的人力和物力,员工需要花费大量的时间和空间去处理它们。而且对于各种账表和报表,员工需要进行大量的分类、登记和计算工作。使用该系统后,用户只需要将原始数据输入,各种计算、查询等工作就可以根据不同业务规则进行处理,可极大地提高工作效率。

② 可实现物流配送各个环节的集中控制。该系统主要对物流全过程进行监控。其实现的功能控制有:业务流程的集中管理、各环节的费用结算管理、各环节的责任管理、运输环节的管理、仓储环节的管理和统计报表的管理。通过对各环节数据的统计与分析,可得出指导企业运行的依据。

③ 该系统应具有良好的仓储管理功能。主要针对货物的入库、出库、在库进行管理。其中在库管理主要指对库中作业的管理,即货物的装卸、库中调配和配货等物流服务。通过对出入库货物数量的计算,可以得出准确的货物结存量。另外,该系统还可以根据客户订单信息结合当前货物库存数量来进行库存的预测管理,防止库存货物的供应不足或货物积压。

④ 该系统应具有良好的配送管理功能。配送中心接到供货商送来的货物后,便开始进行收货作业。首先对货物进行验收,验收合格后,将货物卸载,放置到指定的仓库和指定的区位。当收到客户订单后,即进行订单处理作业。之后根据订单处理作业所形成的配货单进行配货。如果配货后发现仓储区存货水平低于预定水平,则进行采购工作。按客户订单配货后,准备进行出货作业,从仓库中调出货物。当一切出货准备工作就绪,就可以进行输配送作业,为货物的运输分配运输工具,向各地进行配送。以上这些配送工作都可以通过该系统来进行安全可靠的操作和管理,可以有效地提高企业物流配送的效率,减少手工操作造成的失误,以提高企业的经济效益。

⑤ 该系统应具有良好的报表管理功能。该系统的报表管理功能应能自动生成采购报表、销售报表、库存报表、财务报表以及配送报表,方便使用者对各种报表进行查询、归档和打印操作。报表是物流管理信息系统中最主要的信息输出手段,也是企业决策者和客户了解业务状况的依据,系统的报表管理功能是否完善,在一定程度上决定了系统性能的好坏。

该系统比较庞大复杂,可采用团体开发方式,实现上面要求的目标及核心内容,该系统若进一步地扩展,可增加电子自动订货系统(EOS)进行订货、使用 GPS 全球定位系统对车辆实时跟踪和管理、使用条形码技术实现货物拣选操作及管理等。

(100) 有线电视台信息管理系统** 设计并实现一个有线电视台信息管理系统,该系统主要包括电视台人事管理、工资管理、财务管理、对外业务管理、频道管理、节目管理、用户增删管理、用户收费欠费管理等，其中人事管理、工资管理和财务管理可参照(3)、(4)、(5)及(23)的功能要求。

2.2 考核要求

根据 2.1 节给出的实践内容，每个学生都可以选择一个课题，完成软件计划、需求分析、软件设计、编码、软件测试及软件维护等软件工程工作并按要求编写出相应的文档。不同的学生最好不要选相同的题目，可以采用抽签的方式，也可以将题目按应用领域分组，每个学生都可以选择自己感兴趣或较熟悉的领域，再在相应的小组内抽签选择题目。通过软件工程课程设计使学生掌握软件工程的基本概念、基本方法和基本模型，掌握软件管理的过程，为将来从事软件的研发和管理工作奠定基础。

对学生采用什么方法设计和实现软件系统不应限制，虽然软件系统最终要用程序设计语言去实现，但是由于学生在学习软件工程课程之前已学习并掌握了若干程序设计语言，所以在软件工程课程设计中不应再把实现的程序或程序设计语言当作重点，而应把重点放在软件开发过程及交付的文档上面，附录 A 是华北电力大学软件工程课程设计任务书，其中交付的文档占总成绩的 60%，通过考勤(占 15%)可检查学生的开发过程。附录 B 给出了学生完成课程设计交付文档后的评分参考比例，主要从规范性、原创性、工作量及逻辑性四个方面考察学生的文档质量。

由于一般的学校课程设计都在 2 周左右，因而布置工作应该在很早就进行(至少提前 10 周)，学生的软件工程文档应在正式课程设计开始之前就完成了大部分，如果只凭 2 周课程设计是完不成的，这 2 周时间主要用来整理和规范文档，实现、测试和维护系统。文档一律要求是电子版的，在有条件的学校应让学生使用适用于 RUP(统一软件过程，Rational Unified Process)的平台工具 IBM 的 Rational Method Composer v7.x、Rational Unified Process v7.x、Rational RequisitePro v7.x、Rational Requirements Composer v1.x 等系列产品或使用 Rose、Microsoft Project 2007 等工具，使用平台工具不但可以创建项目、建立各种模型、实现软件配置管理的自动化，还能生成某些语言的代码，让学生真正体会到是在做项目、做工程，管理很重要，而不是只编个程序。在没有条件的学校，文档也必须规范，建模时可用工具 Microsoft Office Visio 2007、Rose 或 Microsoft Office Word 来绘图，可达到事半功倍的效果。

学生课程设计结束后应交付的主要工作产品包括软件计划、软件需求规格说明书(SRS)、软件设计说明书和软件测试计划。选作完成的工作产品包括用户手册，操作手册，可行性研究报告，测试分析报告，项目开发总结报告，风险缓解、监测和管理计划或一组风险信息表单等。

在软件工程课程设计开始之前首先要制定并完成软件项目计划。该计划定义将要进行的过程和任务，确定各类资源，确定评估风险、控制变更和评价质量的机制，给出工作量、成本的估算和进度安排。对于工作量及成本，可用一个简单的表来描述要完成的任务、要实现的功能以及完成每一项所需的成本、工作量和时间。进度安排要按照软件生命周期的活动根据具体实现的功能进行细化,工作量和工期应分配到每个任务。风险管理可以放在软件计划中,也可以作为单独文档,交付风险缓解、监测和管理计划或一组风险信息表单。若有平台工具,最好用平台来完成项目的计划。

需求分析也要尽量在软件工程课程设计开始之前完成或拟好结构和内容,正式开始时使用平台工具建模并完成相应的文档(主要是 SRS)。这期间要建立一系列的模型,SRS 中应有用例图、功能和特征列表、分析模型或规格说明。分析模型由一系列 UML 图和描述内容、交互、功能和配置的文本组成。可以使用很多不同格式的图表为信息、功能和行为需求建模。基于用例的建模从用户的角度来表现系统;面向流的建模用来说明数据对象如何通过处理进行转换;基于类的建模定义对象、属性和关系;行为建模描述系统状态、类和事件在这些类上的影响。

软件设计也应尽量使用平台工具,软件设计应包括体系结构、接口、构件和部署表示的设计。在设计用户界面时,应创建用户场景,构建产品屏幕布局,以迭代的方式开发和修改界面原型。若软件是 WebApp,则其设计模型应包括内容、美学、体系结构、界面、导航及构件级设计。

产品测试是必不可少的,也是课程设计期间的一项重要工作,每个学生都要制定测试计划,计划中要有进度安排和测试用例的设计,并且要编写相应文档。

量化考核可用两种方式。第一种方式是用附录 B 中的评分表为文档打分(满分60 分),然后加上另外两项分数(系统验收、讲解、答辩,共 25 分;考勤 15 分);第二种方式是按下面的量化分项考核,然后算出总分,如有其他考核内容,如出勤情况、验收等,可将分项考核后的总分数按比例折算,然后再给出课程设计总成绩。教师可根据实际情况任选一种。

(1) 设计风格 该项满分 10 分。程序设计风格主要包括源程序的文档化程度,数据说明是否有规律、便于理解和维护,语句构造是否简单、效率高,输入/输出的方式和格式是否方便使用,程序的可读性是否强,程序的质量如何等。考核参考:①好,8～10 分;②较好,5～7 分;③一般,≤4 分。

(2) 工作量 和软件的规模、功能数以及参与该课题的人数有关,具体体现在文档上,满分 10 分。考核参考:①大(文档页数＞41 页),8～10 分;②较大(文档页数 21～40),5～7 分;③一般(文档页数＜20 页),≤4 分。

(3) 软件计划 无软件计划 0 分,满分 9 分。考核参考:①文档规范、内容齐全(至少应包括软件范围、资源需求、成本估算及进度安排)、正确,8～9 分;②文档较规范、内容齐全较正确,6～7 分;③文档内容齐全有错误,4～5 分;④文档不规范、不齐全,≤4 分。

(4) 需求分析 缺少该项 0 分,满分 15 分。考核参考:①步骤正确,SRS 完整、规范,13～15 分;②步骤正确,SRS 包含主要内容,如数据库描述、界面描述、数据词典描述、完整的数据流图及功能描述等,9～12 分;③步骤正确,SRS 不完整,缺少主要内容,6～8 分;④SRS 不规范并有明显错误,≤5 分。

(5) 软件设计 满分 20 分。考核参考:①设计正确,文档完整、规范,16～20 分;②设计正确,文档包含主要内容,即软件总体结构和软件过程描述,11～15 分;③设计正确,文档缺少主要内容,8～10 分;④设计有明显错误且文档不规范,≤7 分。

（6）编码　没有编码 0 分,满分 10 分。考核参考：①完成大系统的部分功能或小系统的全部功能,程序设计风格好,程序可读性好,7～10 分；②程序设计风格和程序可读性较差,≤6 分。

（7）软件测试计划　无测试 0 分,满分 10 分。考核参考：①测试计划规范,内容完整、正确、可行,8～10 分；②测试计划内容不完整、无明显错误、可行,4～7 分；③测试计划不规范,内容不完整、有明显错误、不可行,≤3 分。

（8）测试分析报告　无该项 0 分,满分 10 分。考核参考：①对软件进行了测试,有测试分析报告,报告中有测试结果、测试结论和测试评价和建议等,8～10 分；②对软件进行了测试,有测试分析报告,但报告内容不完整,≤7 分。

（9）用户操作手册　无该项 0 分,满分 6 分。考核参考：①操作手册规范、标准,有软件运行环境、使用说明、运行说明、操作命令一览表、程序文件和数据文件一览表和用户操作举例等,5～6 分；②操作手册包含上述主要内容,但不够规范、标准,3～4 分；③操作手册内容不全,≤2 分。

（10）其他　上述文档满分为 100 分,是必须完成的。除此之外,若有其他文档(参见表 1-7),则每个增加 1～2 分。这样做的目的是培养学生强烈的工程意识,树立工程化的思想,用工程化的方法去开发软件。

第3章　交付文档要求及格式

以下简要列出了应交付文档的格式、各文档应包含的主要内容及简单要求,这些仅作为软件工程课程设计的要求。对于实际项目,每个文档都还需扩充很多内容,学生也可参考有关标准去写,或用平台工具去写。

3.1　可行性研究报告

1. 概述

描述系统的目的、目标、背景、基本要求等。

2. 经济可行性

进行投资及效益分析,从经济角度论证系统是否值得开发。

3. 技术可行性

根据系统的功能、性能要求以及约束条件的限制等,分析现有技术和资源能否实现系统,找出将会面临的风险,分析能否有效控制或缓解风险。

4. 法律可行性

根据系统的基本要求及实现目标,考虑法律问题和社会因素,分析开发当前系统是否会导致侵权等违法行为,还要考虑如何有效地保护自己。

5. 方案的选择和折中

可以设计 3~5 个方案,从技术、经济、法律各方面进行分析和比较,选择性价比最好的方案,当考虑多种因素时,有些因素可能互相制约,必要时应进行折中。

6. 结论

给出可行性研究的结果,必须有明确的结论。

3.2　软件计划

1. 范围

本节给出软件计划的综述,定义其限制和所要做的工作。

(1) 项目目标　给出软件要达到的目标的简短叙述,说明需求方的身份和必要的背景、数据。

(2) 主要功能　给出系统功能的简短陈述,只讲做什么,不讲怎样完成功能。给出每个主要功能的顶层描述以及完成组成主要功能所要求的一些子功能。

(3) 性能要求　描述系统总的性能特征,包括存储约束、响应时间和一些特殊考虑等。

(4) 系统界面　描述与此设计有关的其他系统成分。

（5）开发概要　概括说明开发过程。一般按如下步骤进行。

① 调研和计划。

② 需求分析。

③ 设计。

④ 编码和模块测试。

⑤ 总体测试。

⑥ 评审。

⑦ 交付使用和培训。

2．资源

明确各项任务所要求的资源，以满足完成计划和开发任务的各种需求。

（1）人力资源　说明以下的需求。

① 要求的人数。

② 每个人的技术水平。

③ 专用工作的持续性。

（2）硬件资源　包括计算机硬件、所需要的特殊测试设备和各种硬件支持。

（3）软件资源　描述用于本项目开发或者作为开发软件一部分的各种支持和应用软件，如操作系统、编译程序、测试工具、数据库、应用程序包等。

3．进度安排

根据软件规定的完成日期、硬、软件资源以及人力资源情况，采用倒排的方式按照软件开发过程提出合理的安排。

4．成本估算

对软件项目的成本及工作量进行估算。估算成本应包括人力、机时、设备和办公费用等。

5．风险信息表

对所有风险及风险环境以及缓解、监测、管理风险的手段都进行描述。若有"风险缓解、监测和管理计划"文档，则该部分可不写。

6．附录

所有与该软件有关的、前面未列出的内容都可在附录中说明，如专门术语的定义，有关合同、文件、规范等。

3.3　风险缓解、监测和管理计划

1．引言

给出风险综述，明确管理者和技术人员的责任。

2．风险分析

（1）风险识别　建立风险条目检查表，对所有可能的风险因素都进行提问和回答。

（2）风险预测　风险因素包括性能风险、成本风险、支持风险和进度风险，对软件风险因素的影响可分为可忽略的、轻微的、严重的或灾难的四个级别，通过对"风险识别"中提问的回答确定相应级别。

（3）风险评估　对识别出来的风险进行进一步的确认分析，建立风险表，计算出每种风险的可能性或概率，或给出文字描述，评估产生的后果。

3. 风险管理

进行了风险分析后对项目中将会面临的风险按影响程度排序，对影响大的、发生概率大的风险应给与最大的关注。建立风险信息表数据库，考虑如何回避风险，描述采取的风险监测活动，给出风险的管理及应急计划。

4. 附录

凡是与风险相关的、上述没有描述的内容都可在附录中说明。

3.4　软件需求规格说明书（SRS）

1. 概述

给出软件需求的简单描述，包括课题目标、用户、约束和功能性能规定等。

2. 软件需求描述

（1）功能和行为建模　给出用例图、功能、特征列表和候选类清单，建立类的层次关系，绘制基于 UML 的状态图、需求的活动图、顺序图等，给出类定义模板（类的整体说明、属性说明、方法和消息说明）。

（2）数据建模　确定数据对象和数据属性，给出详细的数据流图及数据词典描述，使用实体—关系图描绘数据对象之间的关系。

3. 界面

规定软件同系统其他元素（硬件、软件、人机接口和数据通信协议等）的功能联系。硬件界面包括计算机特性、内外存容量、I/O 设备能力等。软件界面包括操作系统特性、公用程序和支持软件以及它们相互之间的连接特性。

4. 质量评审

规定软件功能的正式确认需求和测试限制。

5. 补充说明

给出一些便于读者阅读本规格说明书的注释，如本项目的一些背景材料，以增进对本规格说明书内容的理解。

3.5　软件设计说明书

1. 概述

给出软件功能和结构的总体描述。

2. 数据/类设计

给出将分析类模型转化为设计类的实现以及软件实现所要求的数据结构。

3. 软件体系结构设计

提供系统的整体视图，对可选的体系结构风格或模式进行分析，以导出最适合客户需求和质量属性的结构,给出优化后的软件体系结构图,将体系结构精化为构件,描述系统实例。

4. 接口设计

描述软件如何同与它交互操作的系统通信、如何与使用它的人通信、信息如何流入和流出系统以及构件之间如何通信。

(1) 用户界面(UI)。包括美学(布局、颜色、图形、交互机制)、人机工程元素(信息布局、位置、隐喻、导航)和技术元素(UI模式、可复用构件)。

(2) 和其他系统、设备、网络或其他信息生产者的外部接口,与使用者的外部接口。

(3) 各种设计构件之间的内部接口。

5. 构件级设计

给出将软件体系结构的元素变换为软件构件的过程性描述。可以在很多不同的抽象层次下对构件的设计细节建模,可以用 UML 的活动图表示处理逻辑,也可以使用伪码或其他详细设计工具描述构件的详细处理流程。

6. 附录

所有与该软件有关的、上述未涉及的内容都可在附录中说明,如专门术语的定义,有关合同、文件、规范等。

3.6 软件测试计划

1. 测试范围

简要说明测试的目的、预期结果及测试的全部步骤。

2. 测试计划

给出测试工作的总安排。

(1) 测试阶段 概括说明测试各阶段的次序、进度和方法,分阶段给出说明以及与其他测试的依赖关系。

(2) 测试进度 列出测试的全部进度、次序和相互依赖关系,安排软件体系结构中各构件(类簇)的测试日程使之相互协调。

(3) 测试软件 概括说明全部测试软件,包括驱动程序和测试监督程序等有关测试工具。

(4) 测试环境 完整地说明测试所需的计算机运行环境,包括内存要求、外部设备介质和终端等。

3. 测试步骤

说明每个测试阶段的特定测试步骤。按测试阶段给出测试目的、方法和测试软件,说明测试用例、输入方法、期望处理情况及输出格式,预期的输出结果。

4. 附录

所有以上没有提及、与测试有关的信息和标准,都可放入附录中。

3.7　测试分析报告

1. 测试计划执行情况

（1）测试项目　列出每一测试项目的名称、内容和目的。

（2）测试机构和人员　给出测试机构名称、负责人和参与测试人员名单。

（3）测试结果　按顺序给出每一测试项目的以下内容。

① 实测结果数据。

② 与预期结果数据的偏差。

③ 该项测试表明的事实。

④ 该项测试发现的问题。

2. 软件需求测试结论

按顺序给出每一项需求测试的结论，包括以下内容。

（1）证实的软件能力。

（2）局限性（某项需求未得到充分测试的情况及原因）。

3. 评价

（1）软件能力　说明经过测试所表现的软件能力。

（2）缺陷和限制　说明测试所揭露的软件缺陷和不足以及可能给软件运行带来的影响。

（3）建议　提出弥补上述缺陷的建议。

（4）测试结论　说明该软件能否通过。

4. 附录

列出测试分析报告中用到的专门术语的定义，引用的其他资料、采用的软件工程标准或软件工程规范等。

3.8　开发进度月报

1. 报告时间及所处的开发阶段

2. 工程进度

（1）本月内的主要活动。

（2）实际进展与计划比较。

3. 所用工时

按不同层次人员分别计时。

4. 所用机时

按所用计算机机型分别计时。

5. 经费支出

分类列出本月经费支出项目，给出支出总额，并与计划比较。

6. 工作遇到的问题及采取的对策

7. 本月完成的成果

8. 下月工作计划

9. 特殊问题

也可将月报写成周报。

3.9 用户手册

应根据软件的使用对象来书写,内容要通俗易懂,最好有一些例子帮助用户理解和使用该软件,用户手册主要可包括以下内容。

(1)软件系统和子系统概述。

(2)运行环境和运行步骤。

(3)用户级命令的功能和用法。

(4)输入输出格式描述。

(5)错误信息及其诊断。

(6)软件安装。

(7)命令一览表。

若用户手册是专门为系统用户书写的,即用于该软件的进一步开发和维护,则要重点描述系统各部分界面和子程序的功能及用法。

3.10 操作手册

1. 概述

对软件进行简要说明,包括背景、有关定义,给出软件结构和便于查找的文档清单等。

2. 安装与初始化

详细说明为使用本系统而需要的安装过程、初始化过程以及所需要的专用软件。

3. 运行说明

详细说明本系统的运行步骤、运行过程和运行时的输入输出,列出每种可能的运行结果,说明运行故障后的恢复过程。

4. 非常规过程

提供有关应急操作或非常规操作的必要信息,例如出错处理操作、向后备系统的切换操作以及其他必须向系统维护人员交代的事项和步骤。

5. 远程操作

如果该系统能够通过远程终端或网络终端控制运行,则要说明运行该系统的操作过程。

3.11 项目开发总结报告

1. 概述

对软件进行简要说明,包括背景、有关定义、软件项目的提出者及开发者等。

2. 实际开发结果

(1) 产品 说明软件系统中各程序的名字,它们之间的关系,程序的大小、存储媒体的形式和数量,系统各个版本的版本号及区别,所有文件列表、所有的数据库。

(2) 主要功能和性能 列出该软件产品实际具有的主要功能和性能,对照可行性研究报告、项目开发计划、SRS 的有关内容,说明原定的开发目标是达到了、未完全达到,还是超过了。

(3) 基本流程 用图给出该系统的实际的基本处理流程。

(4) 进度 列出原定计划进度与实际进度的对比,说明实际进度是提前了还是推迟了,并分析主要原因。

(5) 费用 列出原定计划费用与实际支出费用的对比,说明实际费用是超出了还是节余了,并分析主要原因。

3. 开发工作评价

通过对比,对生产效率、产品质量以及技术方法进行评价,并对开发中出现的错误原因进行分析。

4. 经验与教训

列出开发该系统取得的主要经验与教训,给出今后项目开发工作的建议。

附　　　录

附录 A　软件工程课程设计任务书

一、目的与要求

通过该课程设计使学生树立起强烈的工程化意识,用工程化思想和方法来开发软件。让学生切实体会出用软件工程的方法开发系统与一般程序设计方法的不同之处,使学生在对所开发的系统进行软件计划、需求分析和设计的基础上,实现并测试实际开发的系统。通过一系列规范化软件文档的编写和系统实现,使学生具备实际软件项目分析、设计、实现和测试的基本能力。

二、主要内容

要求学生掌握软件工程的基本概念、基本方法和基本原理,为将来从事软件的研发和管理工作奠定基础。每个学生都可选择一个小型软件项目,按照软件工程的生命周期,完成软件计划、需求分析、软件设计、编码实现、软件测试及软件维护等软件工程工作,并按要求编写出相应的文档。开发方法、环境和工具不限。

三、进度计划

序号	设 计 内 容	完 成 时 间	备　　注
1	制定软件计划	正式开始之前	尽量使用工具
2	进行软件需求分析、软件设计,制定出软件测试计划,设计软件测试用例	第 1 周(或之前)	要求上机前做好充分的文档准备
3	各模块录入、编码、编译及单元测试	第 2 周的第 1、2 天	可用工具实现编码
4	联调及整体测试	第 2 周的第 3、4 天	可用工具进行测试
5	验收,学生讲解、演示、回答问题	第 2 周的第 5 天	

四、设计成果要求

1. 至少提交四个文档,包括软件计划、软件需求规格说明书、软件设计说明书和软件测试计划,要求文档格式规范、逻辑性强、图表规范。

2. 独自实现了系统的某些功能,基本达到了要求的性能,经过了测试,基本能运行。

五、考核方式

1. 提交的文档规范,工作量大,文档逻辑性强、正确　　　　　　　　　　　　占 60%

2. 系统验收、讲解、答辩　　　　　　　　　　　　　　　　　　　　　　　占 25%

3. 考勤　　　　　　　　　　　　　　　　　　　　　　　　　　　　　　　占 15%

学生姓名(签名):

指导教师:

年　　　月　　　日

附录 B　软件工程课程设计文档评分表

姓名		专业班级			学号		
题目							

标准	分数	得分(√)	标准	分数	得分(√)	标准	分数	得分(√)
文档规范，符合要求	20		文档较规范，基本符合要求	17		文档不规范，不符合要求	11	
				16			10	
	19			15			9	
				14			8	
	18			13			7	
				12			6	
完成情况好，独自完成的内容大于80%	20		完成情况较好，独自完成的内容大于50%	16		绝大部分内容是从网上下载、书本抄袭或拷贝别人的（个人成果不足20%）	8	
				15			7	
	19			14			6	
				13			5	
	18		完成情况一般，工作成果不明显，抄袭的内容占到50%以上（独自完成的内容不足50%）	12			4	
				11			3	
	17			10			2	
				9			1	
工作量大，报告完整	10		工作量适中，报告较完整（缺少部分内容）	7		工作量较小，报告不完整（缺少主要内容）	4	
	9			6			3	
	8			5			2	
文档逻辑性强、正确，语言流畅	10		文档逻辑性较强，无明显错误，文字表述较流畅	7		文档有逻辑性，但有明显错误，语言表述不流畅	4	
	9			6			3	
	8			5			2	
文档成绩			评分教师签字					

参 考 文 献

[1] 宋雨,程晓荣,黄志强.计算机综合实践指导[M].北京:清华大学出版社,2004.

[2] 宋雨,赵文清.软件工程[M].北京:中国电力出版社,2007.

[3] Roger S Pressman. Software Engineering:A Practitioner's Approach[M]. 6th ed. 北京:McGraw Hill & 清华大学出版社,2007.

[4] Roger S Pressman. 软件工程:实践者的研究方法[M]. 6 版. 郑人杰,马素霞,白晓颖,等译. 北京:机械工业出版社,2007.

[5] Shari Lawrence Pfleeger. 软件工程理论与实践[M]. 吴丹,史争印,唐忆译. 北京:清华大学出版社,2003.

[6] 张海藩,倪宁.软件工程[M].3 版.北京:人民邮电出版社,2010.

[7] 肖刚,古辉,程振波,等.实用软件文档写作[M].北京:清华大学出版社,2006.

[8] 吴炜煜.面向对象分析设计与编程[M].北京:清华大学出版社,2007.